中国低碳化发电技术创新发展报告

2023

可再生能源专篇

电力规划设计总院　编著

人民日报出版社
北　京

图书在版编目（CIP）数据

中国低碳化发电技术创新发展报告 . 2023 / 电力规划设计总院编著 . -- 北京 : 人民日报出版社 , 2024.1

ISBN 978-7-5115-8212-6

Ⅰ . ①中… Ⅱ . ①电… Ⅲ . ①无污染能源－发电－技术发展－研究报告－中国－ 2023 Ⅳ . ①TM61

中国国家版本馆 CIP 数据核字 (2024) 第 016498 号

书　　名：中国低碳化发电技术创新发展报告 . 2023
ZHONGGUO DITANHUA FADIANJISHU CHUANGXIN FAZHAN BAOGAO. 2023
作　　者：电力规划设计总院

出 版 人：刘华新
责任编辑：周海燕
封面设计：张合涛

出版发行：人民日报出版社
社　　址：北京金台西路 2 号
邮政编码：100733
发行热线：（010）65369509 65369512 65363531 65363528
邮购热线：（010）65369530 65363527
编辑热线：（010）65369518
网　　址：www.peopledailypress.com
经　　销：新华书店
印　　刷：三河市嘉科万达彩色印刷有限公司
法律顾问：北京科宇律师事务所 010-83622312

开　　本：889 mm×1194 mm　1/16
字　　数：236 千字
印　　张：10.25
版次印次：2024 年 1 月第 1 版　2024 年 1 月第 1 次印刷

书　　号：ISBN 978-7-5115-8212-6
定　　价：178.00 元

编 委 会

前言

PREFACE

为应对气候变化挑战，全球能源电力体系正不断加速变革。可再生能源作为新型电力系统的基础和实现碳达峰碳中和目标的重要支撑，得到了社会各界的广泛关注。2023 年 6 月，我国可再生能源装机约占全国发电总装机的 48.8%，历史性超过煤电装机容量；2023 年 1 月—10 月，全国可再生能源发电装机新增 1.91 亿千瓦，占全国新增装机的 76.4%，成为我国电力新增装机的主体。

伴随着装机的快速增长，各类可再生能源的技术创新和产业升级也在不断推进，在材料与设备研发、系统集成、产业链完善、项目应用等方面都取得了重要进展。

风力发电和光伏发电是近年来装机容量增长最快的可再生能源利用技术，我国已基本形成全球最具竞争力的风力发电和光伏发电产业体系；光热发电技术商业化应用已经较为成熟，“大规模—高参数—长周期储热—低成本”是光热发电未来的技术发展方向；太阳能热利用技术可高效低碳地满足供热制冷需求，其技术成熟度高，特别在民用热水需求方面已实现市场化、规模化发展；水力发电（抽水蓄能）是目前为止技术最成熟、最具大规模开发潜力并且经济性最优的调节电源；地热能利用技术在发电和直接利用两种基本应用形式下都获得较快发展，地热能发电技术研发和工程项目不断推进，我国常年保持地热能直接利用规模世界第一。可再生能源利用技术和产业不仅是能源体系变革与新型电力系统构建的重要基础，也是关系到国内制造业升级和开辟新的经济增长点的重要领域。

《中国低碳化发电技术创新发展报告 2023》聚焦可再生能源利用技术创新发展，是电力规划设计总院系列智库产品之一。报告分别对风力发电、光伏发电、光热发电、太阳能热利用、水力发电（抽蓄）、地热能利用等，从技术原理及特点、技术动态和趋势、资源情况、产业发展现状及前景，以及技术经济评价等方面进行了分析和研判，力求全面客观地把各类技术呈现给读者，便于行业从业者把握技术创新发展动态。

报告在编写过程中，得到了能源主管部门、相关研发单位和业内专家的指导和帮助，在此谨致衷心感谢！

《中国低碳化发电技术创新发展报告 2023》编写组

2023 年 12 月

目录

CONTENTS

1 可再生能源技术发展概况 01

2 风电 07

2.1 技术原理及特点 09
2.2 技术动态和趋势 10
2.3 风能资源 20
2.4 产业发展现状及前景 23
2.5 经济性 29
参考文献 31

3 光伏发电 33

3.1 技术原理及特点 35
3.2 技术动态和趋势 35
3.3 资源情况 40
3.4 产业发展现状及前景 42
3.5 经济性 49
参考文献 51

4 光热发电 53

4.1 技术原理及特点 55
4.2 技术动态和趋势 59
4.3 我国太阳能直接辐射资源 66
4.4 光热发电产业发展 69
4.5 经济性 72
参考文献 73

5 太阳能热利用 75

5.1 技术原理及特点 77
5.2 技术动态和趋势 78
5.3 资源情况 83
5.4 产业发展现状及前景 84
5.5 经济性 88
参考文献 89

6 水电（抽蓄） 91

6.1 技术原理及特点 93
6.2 技术动态和趋势 95
6.3 资源情况 104
6.4 产业发展现状及前景 109
6.5 经济性 115
参考文献 116

7 地热能利用 119

7.1 技术原理及特点 121
7.2 技术动态和趋势 125
7.3 资源情况 132
7.4 产业发展现状及前景 135
7.5 经济性 139
参考文献 140

8 可再生能源发展前景 143

附　录 153

1 可再生能源技术发展概况

CHAPTER

气候变化是世界可持续发展面临的重大挑战之一。人类活动所产生的温室气体排放被认为是导致地球气温升高的主要原因，进而引发了诸多环境和社会问题，而占温室气体排放约 3/4 的能源领域，成为当今人类应对气候变化危机的关键。在此背景下，能源绿色低碳转型势在必行，全球能源结构转型进程也在不断加速，越来越多的国家出台相关政策措施推动可再生能源的发展。

2020 年 9 月，我国明确提出了 2030 年“碳达峰”与 2060 年“碳中和”目标。《2030 年前碳达峰行动方案》提出，“构建新能源占比逐渐提高的新型电力系统，推动清洁电力资源大范围优化配置”。在此基础上，我国也确定了各阶段的主要战略目标：到 2025 年，非化石能源消费比重达到 20% 左右；到 2030 年，非化石能源消费比重达到 25% 左右，风电、太阳能发电总装机容量达到 12 亿千瓦以上；到 2060 年，非化石能源消费比重达到 80% 以上，碳中和目标顺利实现。为实现“双碳”目标，可再生能源装机将持续增加。

经过长期积累发展，我国各类可再生能源在装机规模增加的同时，在技术上也不断取得创新。

风力发电。我国的风力发电始于 20 世纪 50 年代后期的离网小型风电机组的建设，70 年代末开始进行并网风电的示范研究。1986 年，我国第一座风电场——马兰风力发电场在山东荣成并网发电，之后我国风电真正步入了产业化和规模化发展阶段，风电产业链不断完善，技术储备也不断丰富，逐步形成了双馈异步、永磁直驱、中速永磁（即半直驱）三种风电机组技术路线并驾齐驱的局面。随着风电产业链的不断完善和技术储备的不断丰富，整机及关键零部件自主研发能力不断提升，大功率齿轮箱和百米级叶片等部件技术持续突破。尤其是近几年，我国风电技术呈现以下特点：整机及关键零部件基本实现国产化，大功率齿轮箱和百米级叶片等部件技术持续突破；风电机组大型化发展迅速，陆上单机容量 7MW 的风电机组已批量应用，10MW 的风电机组也已下线，单机容量 16MW 的海上风电机组已完成样机吊装，20MW 的风电机组也已下线；叶片长度不断增加，2022 年新吊装的陆上风电机组中风轮直径已超过 190 米，海上风电机组最大风轮直径已达 252 米。随着我国风电产业的不断完备，国内风电企业在稳步推进国内市场的同时，也加快了拓展海外市场的步伐。过去 20 年，在技术创新、规模效应的双重促进下，我国风电设备价格降低了 80% 以上，风电场开发造价降低了近 60%，度电成本比 2010 年时下降超过 60%。

光伏发电。我国光伏发电技术始于 1958 年研制出首块单晶硅，并在 20 世纪 80 年代首次实现工业化。21 世纪后，随着国家启动送电到乡、光明工程一系列扶持项目，我国光伏产业进入发展的快车道，形成了从高纯度硅材料、硅锭 / 硅棒 / 硅片、电池片 / 组件、光伏辅材辅料、光伏生产设备到系统集成和光伏产品应用等完整的光伏产业链。其中，作为光伏产业关键环节的光伏电池技术，已经历三代技术迭代：第一代的常规 Al-BSF 铝背场电池（2016 年之前），第二代的单晶 P 型 PERC 及 PERC+ 电池（2017 至今），以及作为下一步迭代发展方向的 N 型高效电池技术（包括 TOPCon、HJT、IBC 电池）。近年来，我国光伏制造业规模持续扩大，占据全球主导地位。随着光伏技术的不断推进，现今我国光伏电池效率已领先全球，如晶体硅 HJT 电池已达到 26.81% 的世界纪录，N 型单晶硅 TOPCon 双面电池效率也已达到 26.1%。同时，大尺寸光伏电池市场占有率逐步提升，182mm 以上尺寸电池片已开始大幅度替代小尺寸电池。

光热发电。相较于光伏，我国光热发展相对滞后。2011 年，我国第一个太阳能热发电工程项目——鄂尔多斯 50 兆瓦槽式太阳能热发电电站完成特许权示范招标。2013 年 7 月，青海中控德令哈 10MW 塔式光热电站并网发电，标志着我国自主研发的太阳能光热发电技术向商业化运行迈出了坚定的步伐。经过十几年的发展，我国目前已初步建立了具有自主知识产权的光热发电行业全产业链，基本具备了支撑光热发电大规模发展的产品供应能力。在“双碳”战略下，光热“储发一体”价值凸显，光热发展将持续向好。我国槽式、塔式和线性菲涅耳式光热发电项目在“十三五”期间已同步开始商业化示范应用，掌握了塔式光热发电的核心技术，并投运了全球首个投运的熔盐线性菲涅耳式光热发电项目。2022 年底，我国太阳能热发电产业相关企事业单位数量达到 600 家左右，华电集团、国家电投、国家能源集团、大唐集团、三峡集团、中广核集团等央企均已开始开展光热发电投资和开发建设，进一步带动光热发电的规模化发展。初步统计，各省推动的“光热 +”一体化项目和沙戈荒基地中的光热发电项目 30 余个，已取得开发指标和在建的光热发电装机超过 350 万千瓦。

太阳能热利用。太阳能热利用技术成熟、应用广泛，在生活及工业热水、取暖及制冷等的热能供应中均广泛采用。经过 20 多年的发展，我国的太阳能热利用产业无论是生产量还是市场容量目前都是世界第一位，对中国节能环保做出了重大贡献。2022 年中国太阳能热利用保有量占全球的比例超过三分之二，成为全球太阳能热利用持续发展的主要力量。我国真空管集热技术处于领先地位；太阳能热水器已经实现了市场化运营，截至 2022 年底，我国太阳能热利用累计热装机容量 334.5GW_{th}（集热器面积 4.78 亿平方米），是全球太阳能热利用应用规模最大的国家。尤其在农村地区，太阳能热水器因其方便性、成本低等优势，解决了农村地区生活热水的供应问题。我国太阳能供热采暖系统处于试点、推广阶段，已经在一些新农村建设和城镇的新建建筑上得到应用，在建筑节能中发挥越来越大的作用。我国还建成了太阳能空调示范应用工程约 20 个，并于“十四五”初期在西藏山南地区浪卡子县县城实现了首个大型区域供暖系统的建成投运。

抽水蓄能。我国抽水蓄能发展始于 20 世纪 60 年代后期的河北岗南电站，通过广州抽水蓄能电站、北京十三陵抽水蓄能电站和浙江天荒坪抽水蓄能电站的建设运行，夯实了抽水蓄能发展基础。随着我国经济社会快速发展，相继建设了泰安、惠州、白莲河、西龙池、仙居、丰宁、阳江、长龙山、敦化等一批具有世界先进水平的抽水蓄能电站，其中河北丰宁电站装机容量 360 万千瓦，是世界在建装机容量最大的抽水蓄能电站；单机 40 万千瓦的广东阳江电站是目前国内在建的单机容量最大、净水头最高、埋深最大的抽水蓄能电站；浙江长龙山电站实现了自主研发单机容量 35 万千瓦、750 米水头段抽水蓄能转轮技术。近年来，随着能源向绿色低碳转型，我国抽水蓄能电站机组制造自主化水平不断提高，产业链体系已基本形成。我国抽水蓄能在坝工、高压管道、复杂地下洞室群设计及施工等方面达到了世界先进水平。

地热能利用。地热能的开发利用包括发电和直接利用两个方面。高温地热资源主要用于发电；中温和低温地热资源则以直接利用为主。我国地热能发电开始于 20 世纪 70 年代。1970 年广东丰顺建成了我国第一座地热能发电厂，装机容量 86kW，使我国成为世界上第 8 个掌握地热能发电技术的国家，但发展较为缓慢，2022 年底地热能发电总装机仅约 55MW。我国地热能直接利用年产能长期位居世界首位，主要在天津、河北、山东、陕西、北京等地的一批大中城市，利用地下水抽灌技术开发 60℃ ~ 100℃的中低温地热水，用于供暖。截至 2021 年底，我国地热能供暖制冷能力达到 13.3 亿 m^2，温泉年利用能力 6665MW_{th}，地热农业利用能力达到 1108MW_{th}。

2022 年，我国可再生能源新增装机 1.52 亿千瓦，已成为我国电力新增装机的主体。其中风电新增 3763 万千瓦、太阳能发电新增 8741 万千瓦、生物质发电新增 334 万千瓦、常规水电新增 1507 万千瓦、抽水蓄能新增 880 万千瓦。截至 2022 年底，我国可再生能源装机达到 12.13 亿千瓦，占全国发电总装机的 47.3%，较 2021 年提高 2.5 个百分点。其中风电 3.65 亿千瓦、太阳能发电 3.93 亿千瓦、生物质发电 0.41 亿千瓦、常规水电 3.68 亿千瓦、抽水蓄能 0.45 亿千瓦。2022 年，可再生能源发电量达到 2.7 万亿千瓦时，占全社会用电量的 31.6%，较 2021 年提高 1.7 个百分点。

随着能源系统不断向绿色低碳转型，大力发展可再生能源已经成为应对气候变化的重大战略方向和一致宏大行动，我国可再生能源也将进入全新的发展阶段。

2
风电
CHAPTER

引　言

风力发电作为一种可再生清洁能源，具有良好的经济效益、环境效益，因此，很多国家都致力于风电技术的研究、开发和应用。我国正处于能源结构转型的重要时期，加快发展风电产业对我国能源绿色转型、实现双碳目标具有重要作用。近年来，我国已基本形成全球最具竞争力的风电产业体系和产品服务，风电机组及风力发电呈现大型化、智能化、综合利用等发展趋势。“十四五”中后期，我国风电产业将围绕技术创新、产业协同、智能化等发展方向，重点突破关键技术，引领全球风电技术发展，进一步促进成本下降，支撑风电大规模高质量发展。

2.1 技术原理及特点

风电机组的基本原理是通过风轮带动发电机发电，将风的动能转换成电能。风电机组可分水平轴和垂直轴两类，现在商用风电机组多为水平轴式。

图 2.1-1　风力发电示意图

商用化的水平轴式风电机组技术路线主要分为三类，即双馈异步、永磁直驱、中速永磁（即半直驱）。

双馈风电机组的风轮通过增速齿轮箱与双馈异步发电机转子相连，转子的励磁绕组通过变流器联网，定子绕组直接联网。双馈风电机组可在不同的转速下实现恒频发电，调速范围较宽、有功和无功功率可独立调节，具有转速高、转矩小，尺寸较小、重量小，成本低等特点，但结构较复杂、高转速导致维护成本比较高。

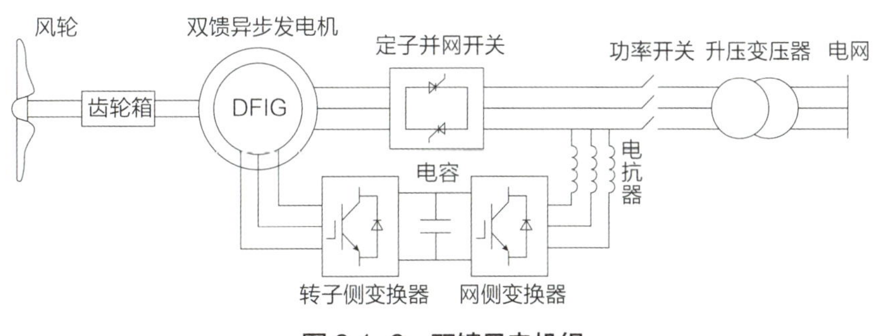

图 2.1-2　双馈风电机组

永磁直驱风电机组的风轮与发电机直接相连，省去了增速齿轮箱，转子为永磁体励磁，无需外部提供励磁电源，同时也减少了励磁损耗。永磁直驱风电机组的发电机通过全功率变流器联网，具有效率高、噪音低、低电压穿越能力强等特点；此类风电机组的最显著问题是体积及重量较大，生产耗费原材料多，吊装难度高，随着风电机组大型化的发展，与双馈风电机组相比，综合竞争力面临一定压力。

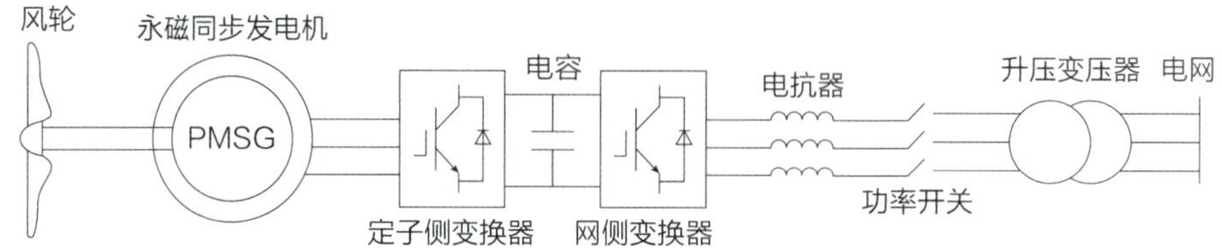

图 2.1-3　**永磁直驱风电机组**

半直驱风电机组的风轮通过中速齿轮箱与永磁同步发电机转子连接，发电机的定子绕组通过全功率变流器联网。和直驱风电机组相比，半直驱增加了中速齿轮箱，发电机转子转速比直驱高，有利于减小发电机的体积和质量，同时保留了直驱式容量大、低电压穿越能力较强等优点。与双馈和直驱相比，齿轮箱制造难度较双馈低，发电机制造难度较直驱低，半直驱是折中方案。

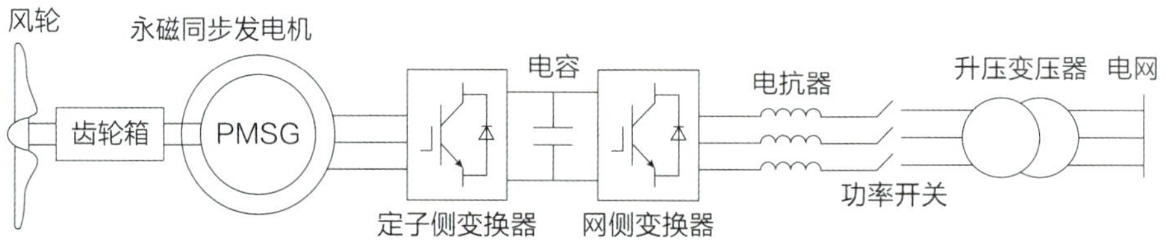

图 2.1-4　**半直驱风电机组**

2.2　技术动态和趋势

2.2.1　发展现状

随着双碳目标明确，风电战略地位逐渐提升。我国提出到 2025 年非化石能源比重达到 20%，为实现碳达峰、碳中和奠定坚实基础；到 2030

年，非化石能源消费比重达到25%左右，风电、太阳能发电总装机容量达到12亿kW以上，二氧化碳排放量达到峰值并实现稳中有降；到2060年，非化石能源消费比重达到80%以上，碳中和目标顺利实现。风电作为现阶段发展较为成熟且具有一定性价比的可再生能源，未来将逐步发展成为我国主力能源之一。

我国已建立了风电机组整机、零部件和相关配套设备的自主研发和制造能力，产业链整体技术水平与国际同步，其中整机、叶片、塔筒等关键装备在大型化方面超过国际同类水平。但是，仍有少量关键零部件、元器件尚未全面国产化，如风电机组主轴轴承、齿轮箱轴承、发电机高速轴轴承，变流器和变桨系统中使用的IGBT/IGCT半导体功率器件及核心控制芯片等。国内头部企业已自主研发工具软件，但主要的风资源分析、风电机组整机设计仿真等工程分析软件仍依赖国外。除此之外，近几年叶片长度、单机容量等快速迭代，产业发展较快，进而也造成了技术积累不足的问题。

（1）整机

我国风电整机制造企业在15家左右，在2022年，新增装机排名前5的整机企业分别为金风科技、远景能源、明阳智能、运达股份、三一重能，市场份额合计为72.3%。截至2022年底，累计装机排名前5的整机企业分别为金风科技、远景能源、明阳智能、电气风电、运达股份，市场份额合计为57.7%。

整机企业国际竞争地位提升。根据伍德麦肯兹风电研究团队发布的最新研究报告《2022年全球风电整机企业市场份额排名》，在2022年全球新增装机排名前15家的整机企业中，中国企业有10家，市场份额合计超过50%，分别为金风科技、远景能源、明阳智能、运达股份、三一重能、中国海装、中国中车、电气风电、东方电气、联合动力。金风科技2022年新增装机容量为12.5GW，首次排名全球第一，这也是中国风电整机企业第一次登顶全球榜单。

（2）关键大部件

①叶片

叶片是风电机组的核心部件，也是技术创新的重点。叶片的尺寸、形状直接决定了能量转化效率，也直接决定了风电机组功率和性能。大型化、轻量化、耐用、低成本是叶片的发展方向。目前，陆上风电机组叶片长度最大

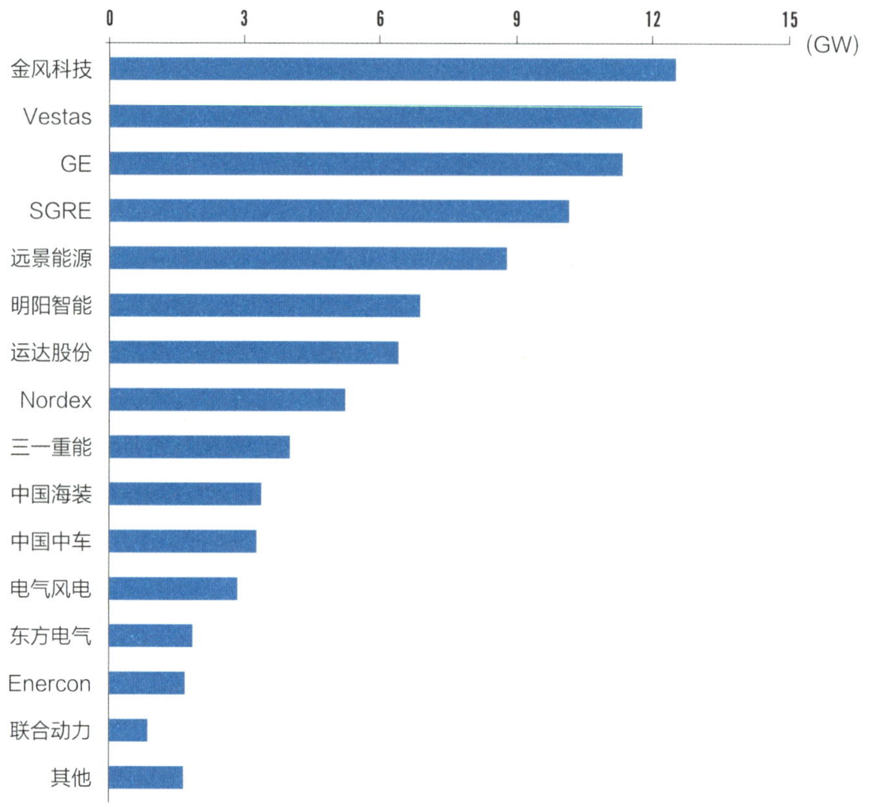

图 2.2-1　2022 年全球风电整机企业市场份额

已经超过 100m，海上风电机组最大超过 120m。叶片制造商分为两大类，独立的供应商和整机厂自营。独立供应商主要有中材科技、艾郎科技、中复连众等。整机自营叶片厂商有明阳、东气、时代新材（中车）、洛阳双瑞（中船）等。风电机组叶片主要集中在中材、明阳、时代新材、中复连众、双瑞等。从成本和产值估计来看，保守测算“十四五”期间，叶片每年将带来至少 220 亿元产值。国内叶片供应商的生产能力已经超过 15000 套 / 年，按当前平均套均容量为 4MW/5MW，则可支撑年装机 6000 万 kW/7500 万 kW。

目前，叶片制造关键材料进口依赖度较高。一是环氧树脂、聚醚胺等基体材料，进口依赖较为严重。我国是全球最大的环氧树脂生产地及消费地，国内环氧树脂产能饱和开工率保持低位，风电环氧树脂仍需要进口，国内部分企业正在进行产能布局。聚醚胺行业的技术门槛高，相关企业一般具有较强的研发能力、独有的生产技术和多年积累的丰富经验，以确保其产品质量，新进入者难以在短时间内研发出强大的生产技术。二是传统芯材巴沙木供应不稳定，新型芯材结构泡沫塑料行业壁垒高。传统芯材一般使用巴沙木，但巴沙木 4 年 ~ 5 年的生长周期难以满足行业需求。新型结构芯材目前主要有 PVC 和 PET 结构泡沫材料，供应格局主要是国外公司主导。三是国产碳纤维等增强材料与涂层材料还有巨大的进步空间。我国国内碳纤维工业起步则相对较晚，在核心技术、产能等方面与发达国家存在一定差距。近年来在国内外高速增长的需求牵引下，国内碳纤维制造商在规模化生产和技术上均有所突破。部分国产碳纤维厂家通过提升技术和产品品质，其碳纤维产品逐渐被风电复材加工商以及叶片厂商所接受。风电叶片用的涂料供应企业基本上都是国外公司，我国相关企业正在加紧这方面的探索和研究。针对关键材料进口依赖度较高问题，国内应加大技术研发力量，开展示范应用，加快国产替代。

②齿轮箱

齿轮箱市场集中度较高，整个齿轮箱市场，南高齿依靠品牌优势、规模效应稳居第一，国内市场占有率高达 48%，具有行业绝对主导地位。德力佳、大连重工、南方宇航的规模优势凸显，重齿、华建天恒均超过 500 台，合计市场占有率 40%。其他齿轮箱制造商的市场占有率合计 12%，均处于投资规模相对较小，缺乏核心客户支撑，行业话语权弱，基本依靠低价参与竞争的状态。目前国内海上风电齿轮箱制造商主要有南高齿、南方宇航、长安望江、重齿、德力佳等。国内齿轮箱供应商全行业可供应 12000 套左右，按照套均 5MW 算，则可满足 6000 万 kW（非直驱机型）容量需求。

目前，金风科技（少部分）、电气风电（部分）、远景能源、明阳智能、中国海装风电机组采用齿轮箱结构。随着风电机组功率向大兆瓦级发展，半直驱技术路线以成本优势成为未来的发展趋势。随着带齿轮箱技术路线占比的增大，部分厂家计划扩产能，以南高齿为例，目前其正在规划投入 40 亿，新增厂房 18 万 m^2 的方案，这将使南高齿到“十四五”结束，年规划产能可超过 5000 万 kW。

齿轮箱是风电机组的重要组成部件，其运行情况直接关系到发电质量。所以，必须严格控制风电齿轮箱质量，保证可以正常投入使用

③发电机

从市场竞争的角度来看，发电机行业集中度较高，产能相对饱和。目前国内风电发电机制造商主要有永济电机、中船汾西、株洲电机、湘电、上海电气、东方电气等。永济电机产能达 5000 台套，株洲电机年产能达 4500 台套，中船汾西年产能为 2500 台～3000 台套，湘电年产能达 2500 台套。在亚太地区，4 家制造商在发电机总产能接近 60%。

发电机已基本国产，发电机轴承正加速国产化。风电机组发电机产品类型主要有双馈异步、鼠笼异步、低速永磁、中速永磁、高速永磁等，国内企业已具有自主知识产权，半直驱技术或将成为下一阶段的主流，轻量化将成为未来该技术路线的重点发展方向。发电机中的零件和原材料基本实现国产，轴承和润滑脂因客户对国产产品的认可度不高而选择非国产，非国产化零部件占整个发电机成本的 20% 左右，在风电全面平价及海上风电加速走向大兆瓦的背景下，发电机轴承和润滑脂等全面国产化是必然趋势。

④轴承

随着风电机组大型化，风电轴承的尺寸不断增大，提高了加工和行业研发能力的要求，将形成较高技术壁垒。目前，偏航变桨轴承已经全部国产，5MW 级以上大兆瓦风电机组主轴轴承 60% 依赖进口。国产轴承主要厂家有洛轴、瓦轴、新强联等，国内研制大兆瓦主轴轴承的进程正在加快。

大兆瓦主轴轴承正在加紧研制。针对陆上 3MW ~ 4MW 及以下风电机组主轴轴承，洛轴、瓦轴、新强联、轴研所等企业产品已批量应用，5MW ~ 7MW 风电机组主轴轴承已有产品下线及小批量应用。针对海上风电机组主轴轴承，洛轴 16MW 主轴轴承已于 2022 年 9 月 15 日下线并应用于海上风电机组；新强联 12MW 主轴轴承已经下线；轴研所 10MW 主轴轴承已下线，另有 7MW 主轴轴承已小批量应用；以上仍没有大批量应用。为进一步验证其性能、可靠性、寿命等，应加快其在国家重点示范项目中的应用，指导后续产品设计优化，加快产业迭代，全面实现国产化。

⑤变流器

早期，因国内风电变流器制造商缺乏应用经验，主要供应商为 ABB、艾默生等国外厂商。目前，国外品牌逐渐被国产品牌替代，主要供应商为禾望电气、阳光电源、日风电气、海得控制等。与陆上风电变流器相比，海上风电变流器产品功率更大，可靠性、稳定性以及环境适应性要求更为苛刻，禾望电气、阳光电源、瑞能电气为主要的海上风电变流器供应商。

针对制约变流器产能的 IGBT 模块和核心控制芯片，近几年国内技术投入加快。目前中车时代电气已建成全球第二条、国内首条 8 英寸 IGBT 专业生产线，具备年产 12 万片芯片并配套形成年产 100 万只 IGBT 模块的自动化封装测试能力，芯片与模块电压范围实现从 650V 到 6500V 的全覆盖，2021 年实现小批量应用，2022 年开始大批量应用。另外，斯达半导体也有少量产品供应。目前，FPGA、DSP、PLC 等更是严重依赖进口产品，国内产品基本处于自研或试用阶段。

为推动国产化水平提升，应通过引导国产化率提高，深入开展技术研发，积极应用创新技术等措施，全面实现行业的变革和发展，实现国产化。

（3）海上施工和运维技术

海上风电机组基础及升压站平台技术不断进步。面向当前风电机组的塔筒和基础等配套装备方面，产业链保障有力，具备提供各类海上风电基础桩、导管架、海上风电安装作业平台、海洋工程起重机等装备类产品的能力，全国主要 8 家具备海上升压站制造的厂家，每年可生产约 31 座海上升压站；加上未统计的制造厂，每年可满足约 1500 万 kW 风场建设需求，能够支撑海上风电的建设。

海上风电机组吊装施工能力趋于完善。海上风电施工环境复杂多变，一艘性能优异的施工船，一年最多可吊装约 40 台海上风电机组。目前国内约有 20 艘在役海上施工船能够安装 6MW ~ 7MW 的海上风电机组，有 11 艘能够安装 8MW（含）以上的海上风电机组，3 艘能够安装 10MW（含）以上的海上风电机组，同时国内还在加快更大容量海上风电安装船的建造步伐，预计到“十四五”末期，将可实现 20MW 以上海上风电机组的吊装能力。随着更为先进海上风电施工船舶的陆续投运，将可满足未来大规模海上风电的建设开发需求。

海上风电运维船舶登乘装备亟须开发。我国海上风电快速发展，出海运维作业任务愈发繁重，运维人员从运维船换乘至爬梯相当困难，面临极大危险，安全事故时有发生。降低运维船和登陆平台之间人员换乘的风险，提高海上运维作业效率，成为亟待解决的问题。目前登乘装置较有代表性的是补偿舷梯。国外风电产业起步早，发展充分，因此运维技术较为成熟。目前典型的产品有荷兰 Ampelmann 公司、BargeMaster 公司、KenzFigee 集团等公司的波浪补偿舷梯产品等，国内广东安全新能源有限公司采购了荷兰 Ampelmann 公司的一套六自由度波浪补偿舷梯。国外的六自由度波浪补偿舷梯价格较高，在 2000 万元左右。

与国外风电运维登乘装备相比较，中国风电运维设备在技术上仍存在较大的差距。目前，国内在海上风电运维登乘装备研究方面已经开展了相关工作，高校、研究所、企业均有涉及。针对国内海况、国内运维方式，亟须开发具备高可靠性的登乘装备。

（4）关键软件

风能领域应用的风电机组整机设计仿真软件、风电场开发设计仿真软件以及与其他行业共用的软件等大部分依赖国外企业。其中，整机设计仿真软件主要来自挪威 DNV 等，目前中国电力科学研究院开发的风电机组整机仿真设计软件已进入试用阶段。风资源评估和风电场设计软件主要来自丹麦 WAsP、法国 Meteodyn WT 和挪威 WindSim 等。与其他行业共用的软件，如有限元分析软件主要由美国 ANSYS、MSC 以及法国达索提供，海洋工程软件主要来自美国 Bentley 等。除此之外，随着中国风电行业的快速发展，国外软件与国内风电行业的匹配度也在下降。对正致力于全面提升智能制造和创新能力的中国风电行业来说，亟须开展国产化软件开发研究，加速国产化软件应用。

（5）设备回收利用技术

风电机组产品主要部件包括塔筒、机舱、轮毂和叶片等。由于塔筒、机舱和轮毂的材料大多是铸铁、铜、钢材等可回收材料，在我国具备成熟的回收体系。而叶片的材料主要是玻璃纤维、碳纤维、树脂等复合材料，其回收技术由于复合材料在生产过程中具有不可逆性，难以降解和循环利用，且随着风电机组越来越大，叶片也越来越长，处理难度也加大。因此，风电设备的回收技术主要聚焦在叶片回收技术上。目前用于叶片热固性复合材料的回收技术主要包括三类：机械回收技术、热回收技术和化学回收技术。

机械回收技术是以粉碎后的废旧叶片复合材料为原料进行二次利用的方法，由于叶片体积较大，须先进行预切割再进行粉碎。机械回收有两种方式：一种是分解或研磨成细粉，另一种是进行破碎。通过这两种方式获得的再生材料主要用作水泥、混凝土等的填料、增强材料或原料。机械回收法成本低、工艺简单，但通过这种方法获得的大多数回收产物价值很低。

热回收技术主要包括热解法、流化床法和微波热解法。热回收技术可以生产再生纤维，且可以利用工艺过程产生的热量。**热解法**是通过使用加热的惰性气体将叶片复合材料中的树脂基体分解成有机小分子来回收纤维的方法。该方法具有良好的回收效果，适用于受污染的复合材料废弃物，是目前实现商业运行的回收方法。**流化床法**主要是通过高温空气（450℃以上）热流分解叶片复合材料基体得到纤维材料，并可充分利用回收过程中产生的热量。流化床方法可以回收清洁的纤维，但难以获得连续纤维，再生纤维的机械性能相对较低。**微波热解法**是通过微波辐射分解叶片复合材料中的树脂基体的方法。该方法作为一项新开发的技术，具有清洁环保的优点。

化学回收技术是使用化学改性或分解将叶片复合材料制成其他可回收材料的方法。这种方法难度大、成本高，但回收效果更好。化学回收方法主要包括超临界流体法和溶剂分解法。**超临界流体法**是指流体的温度和压力超过其固有临界温度和临界压力的特殊状态，主要使用水或醇作为分解介质。超临界流体技术作为一种新型的回收方法，具有回收工艺清洁无污染，再生纤维表面清洁、性能优良等优点。但超临界条件要求更加严格，大多数超临界流体要求高温高压，对反应设备要求高、成本高、安全系数低，目前还处于实验室研究阶段。**溶剂分解法**是在加热条件下利用溶剂的化学性质使聚合物解聚的方法。溶剂分解法对纤维和树脂的回收具有更好的效果，但是大多数使用的溶剂都是有毒且价格较高，目前也是处于实验室研究阶段。

这三种回收处理技术在我国都处于研发示范阶段，热回收技术和化学回收技术比机械回收技术得到的纤维可以保持更长的长度和更少的损伤，因此热回收技术和化学回收技术具有更广泛的应用。与热解技术相比，超临界水化学回收技术没有明显对环境和人类健康产生影响，更加环保。机械回收技术和热回收技术目前都有实际应用的案例，而化学回收技术大多处于实验室阶段。

我国风电设备回收利用技术还处在研究试点阶段，技术体系还未成熟，叶片材料循环利用的核心技术欠缺，循环处理及高附加值利用技术还有待研发，再利用过程中的肢解、粉碎、分离等环节的工艺技术亟待突破，风电设备回收利用的相关技术标准还处于空白。为促进风电设备循环利用，国家发改委等六部门于 2023 年 7 月印发了《关于促进退役风电、光伏设备循环利用的指导意见》，我国风电设备回收利用技术体系亟待建立。而国外的一些大型企业，如 General Electric Company、Vestas、SIEMENS AG 等企业已经开始布局风电机组叶片回收利用技术，并走在了前列，其掌握的核心技术有可能成为风电行业新的技术壁垒。

2.2.2 发展趋势

（1）技术不断取得突破

我国风电产业从完全依赖进口、联合研发、自主研发，再到产业全面发展，从上游原材料到运输安装环节，配套企业也逐渐发展起来，产业链整体技术水平与国际同步。风电产业链已基本实现国产化，零部件国产化率达到

95% 以上。**随着风电产业链的不断完善和技术储备的不断丰富，整机及关键零部件自主研发能力将不断提升，大功率齿轮箱和百米级叶片等部件技术将持续突破，甚至超过国外水平。**主要包括以下特点：

风电机组大型化、定制化和智能化开发。我国风电技术创新能力不断增强，风电机组单机容量不断增大，最大单机容量从兆瓦级发展到目前 10MW 级别以上。7MW 陆上风电机组已经批量应用，10MW 陆上风电机组完成样机首吊；海上风电机组单机容量达到 15MW 以上。截至目前，海上单机容量 16MW 的风电机组已完成样机吊装，20MW 的风电机组也已下线，以漂浮式为代表的海上风电前沿技术研发持续加强，并成功实现样机安装。

长叶片、高塔筒技术，不断拓宽发展空间。5MW 级及以上陆上风电机组，配套的叶片长度达到 90m 以上。2022 年新吊装的陆上风电机组中风轮直径已经超过 190m。10MW 级海上风电机组配套的叶片长度突破 100m（2022 年 8 月，中复连众自主研发的 123m 大型海上风电叶片在连云港下线，适配 16MW 海上风电机组），最长叶片达到 126m（明阳 MySE260 叶片已经下线），叶片长度预计会很快突破 130m。风电机组轮毂高度从 2015 年的 100m，提升到当前的 185m（2023 年 9 月，安徽阜阳南部风光储基地项目科研风电机组吊装成功）。

关键部件创新技术取得重要突破。如分段式叶片、分瓣式电机、分瓣式塔筒、混合塔筒、桁架塔筒等技术被不断提出并逐步开展商业化应用。高性能替代材料的研发与应用，陆上和海上工程装备的专业化研发与应用等技术创新不断涌现。

海上风电装备制造及配套服务逐步完善。海上风电叶片、齿轮箱、发电机、变流器、轴承及支撑结构等关键部件技术不断取得进步，部分已经具备批量生产能力。海上风电工程能力也逐渐得到提升，从风电设备的运输、安装的船舶，到敷设电缆的专业敷缆船，不仅能服务国内业务，也逐渐为海外业务提供服务。

风电智能生产基地建设加快。智能化生产技术应用初见成效。国内风电行业第一条总装脉动式柔性生产线落成，线内配置了工业机器人、数字化拧紧等先进的自动化设备，形成了工序平衡和快速反应的脉动式生产模式，大幅提升风电主机的自动化和柔性化生产能力。

成本持续下降。过去 20 年，在技术创新、规模效应的双重促进下，我国风电设备价格降低了 80% 以上，风电场开发造价降低了近 60%，度电成本比 2010 年时下降超过 60%。

（2）构网型风电机组支撑新型电力系统

在新能源发展历程中，局部新能源高渗透率地区已相继出现大规模新能源脱网事故以及现象迥异的电力系统稳定性问题。随着新能源发电的进一步快速发展，新能源发电大量替代同步电源，新能源角色逐渐从辅助性电源向主力电源转变，要求新能源的控制和运行要发生根本性转变，从对电网安全的“被动跟随”转变为“主动支撑”，成为维持电网频率、电压的重要载体之一。

风力发电单元主要通过电力电子变流器接入电力系统。目前这些电力电子变流器多采用原动机输入功率与网侧电磁功率解耦的控制模式，普遍缺乏旋转备用容量和转动惯量，不能提供与传统同步发电机类似的惯性响应。但是变流器控制依靠的是控制算法而非物理特性，理论上可以通过控制策略发挥变流器灵活可控的优势，补偿系统缺失的固有惯量阻尼等特性，为系统提供可靠的电压、频率支撑。

变流器控制模式可分为跟网型和构网型。从工作特性来看，跟网型变流器表现为并联高阻抗的可控电流源，通过控制注入电网的电流来控制输出功率；由于跟网型控制需要采用锁相环测量并网点的相位信息，在电网强度较低时，锁相环与电网阻抗之间存在强耦合，接网设备的抗扰动能力大幅下降。构网型变流器表现为串联低阻抗的可控电压源，通过直接控制输出端电压来控制输出功率，不依赖电网频率 / 相位测量来实现同步，在弱电网中对频率和电压的调节更为灵活，有利于系统的稳定运行。

对于新能源发电单元而言，传统变流器控制方式是以最大功率跟踪为目标的跟网型控制，在新能源渗透率相对不高、电网强度相对充足的条件下，可以快速精准地控制并网电流和注入功率，有利于高效利用新能源资源发电。但是，在弱电网中发电单元抗扰动能力有限，存在接入功率波动大、无功补偿需求大等问题，此时变流器更宜采用构网控制方式，以减小系统频率与电压波动。

近年来，国内外相关机构针对电力电子并网设备的构网型技术开展了研究，部分科研单位与新能源企业也合作开展了新能源构网型技术开发及试验示范，初步取得了一些成果。美国可再生能源实验室 NREL、欧洲互联电网组织 ENTSO-E 以及能源系统集成组织 ESIG 等知名机构相继发布了针对电压源型构网控制的路线图或研究报告。2021 年西门子歌美飒公司宣布已在苏格兰风电场成功实验了构网型直驱风电技术，且实现黑启动、孤岛和并网运行；2022 年 3 月，国网湖北电力在随州广水“宝林电站构网型光伏”“英姿寨风电场构网型风机”成功实现多机并联及电压源带电试运行；2022 年 7 月，国内首台自同步电压源风电机组在甘肃酒泉天润安陆第二风电场投运。

构网型技术赋予了风电成为主体电源的潜质。通过挖掘风电机组构网能力潜力，并随着技术的不断应用，未来将为支撑大规模风电开发以及柔直外送提供解决方案。

2.3 风能资源

2.3.1 全国风能资源储量及技术可开发量

根据第四次全国风能资源详查和评价结果显示，我国风能资源丰富，全国陆上 50m 高度层年平均风功率密度大于等于 300W/m^2 的风能资源理论储量约 73 亿 kW，与美国 1991 年发布的全美风能资源约 80 亿 kW 的理论储量相当，与美国 2010 年在美国风能大会上发布的全美陆上 80m 高度（风速达到 6.5m/s）的风能资源技术开发量为 105 亿 kW 相比，我国同样标准的风能资源技术开发量为 91 亿 kW。但由于我国风能资源丰富地区的地形比欧美等国家要复杂，美国海拔 3000m 以上的地区占国土面积不足 2%，而我国海拔 3000m 以上的地区占国土面积的 25.6%，再加上我国气候类型多，影响我国风能开发的台风、雷电、极端低温、覆冰等灾害性天气繁多，导致了我国的风能资源开发难度比欧美等国家要大。

根据国际上对风能资源技术开发量的评价指标，在年平均风功率密度达到 300W/m^2 的风能资源覆盖区域内，考虑自然地理和国家基本政策对风电开发的制约因素，并剔除装机容量小于 1.5MW/km^2 的区域后，得出我国陆上 50m、70m、100m 高度层年平均风功率密度大于等于 300W/m^2 的风能资源技术开发量分别为 20 亿 kW、26 亿 kW 和 34 亿 kW。随着风电机组单机容量增大，叶片直径增加，轮毂高度增高，技术开发容量也将会进一步增加。

2.3.2 全国风能资源空间分布特征

我国陆上风能资源较丰富的区域分布在东北、内蒙古、华北北部、甘肃酒泉、新疆北部、云贵高原以及东南沿海区域。以 70m 高度风能资源技术可开发量为例，内蒙古自治区最大，约为 15 亿 kW，其次是新疆和甘肃，分别为 4 亿 kW 和 2.4 亿 kW，此外黑龙江、吉林、辽宁、河北北部以及山东、江苏、福建、广东等沿海区域风能资源较为丰富，适宜规划建设大型风电基地。我国中部内陆地区的山脊、台地、江湖河岸等特殊地形也有较好的风能资源分布，适宜建设较小规模的风电场和分散式开发利用。我国拥有约 1.8 万多公里大陆海岸线，对我国近海风能资源模拟的初步数值结果表明，台湾海峡风能资源最丰富，其次是广东东部、浙江近海和渤海湾中北部，相对来说近海风能资源较少的区域分布在北部湾、海南岛西北、南部和东南的近海海域。当前，我国海上风电进入从近海向深远海迈进的跨越期，深远海离岸 200km 以内且水深小于 100m 的海上风能资源技术可开发量丰富，具备规模化、基地化开发的资源条件。海上风电资源丰富且距离电力负荷中心近，随着海上风电技术的发展成熟和经济性提升，发展前景良好。

表 2.3-1　沿海主要省（区）海上风能资源

省份	风速（m/s）	水深（m）	离岸距离（km）
辽宁	6.5~8.0	5~55	10~110
河北	7.0~7.5	10~30	10~100
山东	7.0~8.0	15~70	20~140
江苏	7.0~8.5	10~50	10~120
浙江	7.5~9.0	10~70	10~120
福建	8.5~10.0	10~50	55~110
广东	8.0~10.0	15~75	30~150
海南	6.5~8.5	10~90	20~60
广西	7.5~8.5	10~40	15~140

2.3.3 全国风能资源时间分布特征

我国南北纵跨 9 个气候带，气候多样性强，地形地貌差异大，风能资源季节差异明显，一般来说，春季最大，冬季次之，秋季较小，夏季最小。我国的华北和西北地区，平均风功率密度较大的季节是冬春季，最大值出现在 3 月，东北地区的最大值出现在 4 月，中部和西南地区的最大值出现在 2 月，而东部沿海则会出现春季和秋季两个平功率密度较大的时段。具体来看，内蒙古自治区的乌拉特、达茂旗等地区 3 月份 70m 高度的年平均风速可以达到 8.0m/s 以上，观测年度的风速年较差为 1m/s ~ 2m/s，说明这些地区全年风速均较大，风速变化平缓，风品质较好；新疆地区的年平均风速年较差较大，可达 4m/s ~ 7m/s；东北三省 70m 高度的年平均风速的最大值出现时间比内蒙古晚一个月，出现在 4 月，其最小值都出现在 7 月。对于西南地区的贵州、云南和四川等省，70m 高度年最大值出现在 2 月，最小值出现在秋季的 10 月。西藏自治区冬春季 2 月 ~ 4 月风速较大，最大风速值出现在 2 月，夏秋季风速较小，最小值出现在 8 月。我国东南沿海的广东和福建等省，一年中可以出现两个风速较大的时段，分别为春季和初冬，春季的大风与北方地区相似，也与冬春季节的冷暖空气活跃有关。

2.3.4 风能资源持续创新评估

我国气象部门早在 20 世纪 80 年代初期，就组织开展了第一次全国风能资源普查，利用全国 600 多个国家级气象站观测资料，绘制了第一批风能资源分布图，于 80 年代中期发布了风能资源丰富和较丰富区域的评估分析成果，为我国风能资源规模化开发的起步提供了基础支持。随后，气象部门在 90 年代中期又完成了第二次全国风能资源普查，利用全国 900 多个国家级气象站观测资料，估算了我国陆地 10m 高度处风能资源的技术可开发量。2004 年 ~ 2006 年，气象部门完成了我国第三次全国风能资源普查，以全国 2400 多个国家级气象站历史观测资料为基础，辅以调查、收集其他观测资料，估算出全国陆地和各省（区、市）的风能资源总储量、技术可开发量以及较完整的风能资源参数值，绘制了全国陆地和各省（区、市）的风能资源分布图。

前三次风能资源普查是以全国部分或全部气象台站历史气象观测资料为基础，部分区域只有一个观测点的风资源资料开展的相关工作。2007 年启动了第四次全国风能资源详查和评价工作，在全国布设了 400 座高度在 70m～120m 的测风塔，以实地观测资料为基础，采用先进的数值模拟手段和综合分析技术，详细普查和评估了我国陆地风能资源空间分辨率为 1km、垂直分辨率为 10m 的精细化风能资源评估成果和近海风能资源评估的初步成果。

面向未来，国家气象部门制定相应的能源开发利用战略，着力构建高分辨率海陆精细化平台、新能源电力极端天气预警平台以及中长期预测平台，为新能源开发规划、新能源调度提供精细化的服务保障。随着先进的探测手段、数值模拟与预报技术应用于风能资源的评估与预测，我国的风能资源开发和利用的空间还将会进一步扩大。

2.4 产业发展现状及前景

我国风电经过 30 多年的发展，已经成为全球最大的风电市场，并通过规模化开发以及全产业链创新，基本实现了平价上网。进入“十四五”时期，我国风电产业将继续保持高速发展。大力发展风电等可再生能源已成为推进能源革命、保障国家能源安全的重大举措，更是实现我国碳达峰、碳中和目标，践行应对气候变化自主贡献承诺的主导力量。

2.4.1 产业规模位居全球之首

我国风电装机规模稳步增长，连续保持全球首位。2022 年，我国风电新增装机 4983 万 kW，其中陆上风电为 4467 万 kW，海上风电为 516 万 kW。截至 2022 年底，我国风电累计装机容量达到 3.96 亿 kW（占全国发电总装机容量的 14.3%），包括陆上风电的 3.6 亿 kW、海上风电的 3051 万 kW，持续保持国际领先地位。2022 年，我国风电新增装机容量连续 14 年全球第一，累计装机容量连续 13 年全球第一。同时风电在我国电源结构中的占比稳步提升，2022 年，我国风电发电量 7624 亿 kWh，占全社会用电量的 8.8%，为我国实现双碳目标及能源绿色转型提供了强大支撑。

我国风电装机已经遍布全国各地，其中装机前五的省区为内蒙古、河北、新疆、山东、山西，2022 年累计装机容量占比分别为 14%、7.4%、7.1%、6.3%、5.9%；陆上风电装机主要集中地在内蒙古、河北、新疆、山西、山东、甘肃等地区，海上风电主要集中在江苏、广东、山东、福建等主要沿海地区。这些地区不仅是风电装机大省，同时也是生产及制造聚集地。当前陆上生产基地可生产 5MW 以上机型设计产能约 1.5 万台套 / 年，可以满足陆上市场需求；海上 10MW 级以上机型设计产能约 4500 万千瓦 / 年，基本满足海上市场需求。

（1）大型风电基地开发

根据《中华人民共和国国民经济和社会发展第十四个五年规划和 2035 年远景目标纲要》，我国将建设雅鲁藏布江下游水电基地，建设金沙江上下游、雅砻江流域、黄河上游和几字湾、河西走廊、新疆、冀北、松辽等清洁能源基地，建设广东、福建、浙江、江苏、山东等海上风电基地。目前风电大基地建设进程正在稳步推进。

为推进能源清洁低碳转型、提高安全保供能力，国家发展改革委和国家能源局于 2022 年共同推动了以库布齐、乌兰布和、腾格里、巴丹吉林沙漠为重点，其他沙漠、戈壁及采煤沉陷区为补充的沙漠、戈壁、荒漠大型新能源基地规划布局建设，新能源总装机约 4.55 亿 kW。为促进产业创新升级与国际引领，风电基地开发对风电质量规范、创新发展和核心技术等提出了更高的要求。风电大基地的建设对推进风电产业进步、能源结构调整，构建新型电力系统，促进能源与生态融合发展，实现双碳目标具有重要意义。

（2）海上风电发展与挑战

截至 2022 年底，我国海上风电累计装机容量达到 30.51GW，海上风电发展已由试点示范转向了规模化发展阶段。海上风能资源是我国沿海省份为数不多可以大规模开发且离负荷中心较近的可再生能源，因此海上风电是我国各沿海省份实现能源清洁绿色替代，进而实现“碳达峰、碳中和”目标的重要选择。目前，我国沿海各省积极推进海上风电开发，分别编制了各自“十四五”海上风电规划，其中，山东、福建、广西、海南和上海等省（区、市）的海上风电规划已上报国家获批。

当前，我国海上风电进入从近海向深远海迈进的跨越期、近海开发成

本全面临近平价的突破期，规模化、基地化、深远海化开发方式将成为后续开发的主要模式，迫切需要从国家层面统筹考虑海风资源、调峰和消纳能力、海陆一体化输电通道等多方面因素，构建海上风电综合供给消纳体系。一是统筹考虑海上风电资源条件、登陆省份消纳能力、海上风电输变电关键技术发展，一体化观测基础数据、规模化开发海上风电资源；二是统筹考虑“资源集中配置、路由集中考虑、登陆集中消纳”，将海上风电资源相对集中、路由走向基本一致的风场进行分组，优化建设集群与汇集方式；三是统筹考虑海洋功能区划、航道通航、生态环境保护、海底管线、融合发展等，结合风场区域规划和登陆区域岸线规划，优化海上风电项目布局与海缆输送方式；四是统筹考虑受端地区能源结构与清洁能源替代，充分挖掘受端调峰能力和实施存量电网提效，构建沿海地区能源保供与清洁替代发展新模式。

（3）分散式风电带动行业新趋势

我国分布式风电行业迎来重大发展机遇，预计“十四五”期间我国分散式风电年均贡献装机容量 10GW～15GW。《“十四五”可再生能源发展规划》指出坚持集中式与分布式并举，在中东南部地区积极推进分散式风电的开发。2022 年 5 月，中共中央办公厅、国务院办公厅印发的《乡村建设行动实施方案》指出，实施乡村清洁能源建设工程。巩固提升农村电力保障水平，推进城乡配电网建设，提高边远地区供电保障能力。发展太阳能、风能、水能、地热能、生物质能等清洁能源，在条件适宜地区探索建设多能互补的分布式低碳综合能源网络。按照先立后破、农民可承受、发展可持续的要求，稳妥有序推进北方农村地区清洁取暖，加强煤炭清洁化利用，推进散煤替代，逐步提高清洁能源在农村取暖用能中的比重。根据风能委员会 CWEA 的统计，截至 2022 年底，中国分散式风电累计装机容量 13.44GW，同比增长 34.9%，分布在 28 个省（区、市），其中，河南省分散式风电累计装机容量达到 3.96GW，占全部分散式风电累计装机容量的 29.5%，其次分别为陕西 15.5%、山西 11.5%、内蒙古 10.2%、新疆 3.6%，排在前五的省份合计占比达到 70.3%。2022 年，中国分散式风电新增装机容量约 3.48GW，主要分布在河南、山西、内蒙古、陕西、湖南等 22 个省（区、市）。

对于分散式风电开发，从技术层面看，我国风电已形成完整的全产业链体系，绝大部分风电设备实现国产化，部分技术实现自主化。同时，依托持续创新，风轮直径的加大、翼型效率的提升、控制策略的智能化、超高塔筒的应用以及微观选址的精细化等，风电机组的发电效率和可靠性显著提升，低风速风电机组技术日趋成熟，可以支持在中东南部等有消纳潜力的地区进行分散式风电开发。但是受制于自身的特点，目前分散式风电项目开发很难单独设立测风塔进行长周期的测风。目前，在平原地形下，可利用规划场区附近的测风塔数据、中尺度数据或雷达测风；若地形复杂，可运用大数据、云计算、激光雷达等技术手段综合评估风能资源。由于分散式风电项目靠近居民区、工业区等，具有分散、多点接入、难以按照传统模式开展运维工作的特点，风电机组必须具备更高的安全性、环境友好性和电网友好性等，而构网型风电机组具有电网友好型、能够提高运维效率和减少投资成本的优势。分散式风电开发采用构网型风电机组，将是未来的发展趋势，具有重要的意义。

（4）老旧风电场改造升级提供增量空间

按照风电相关标准设计要求，风电机组的设计寿命都超过 20 年，一般在 20 年至 25 年之间。风电机组退役回收受政策、市场、技术水平发展、资源等因素影响，考虑到目前政策激励、风电机组功率提升、资源开发及接网紧缺等因素有可能加速风电机组的退役回收。按照风电机组设计使用寿命 20 年计算，“十四五”期间，我国最早的一批兆瓦级风电机组即将面临寿命期结束、退役回收的问题。如果按照 20 年寿命期计算，预计 2025 年，风电机组改造升级增量空间规模将达到 1GW，2030 达到 13GW，2040 年达到 70GW。

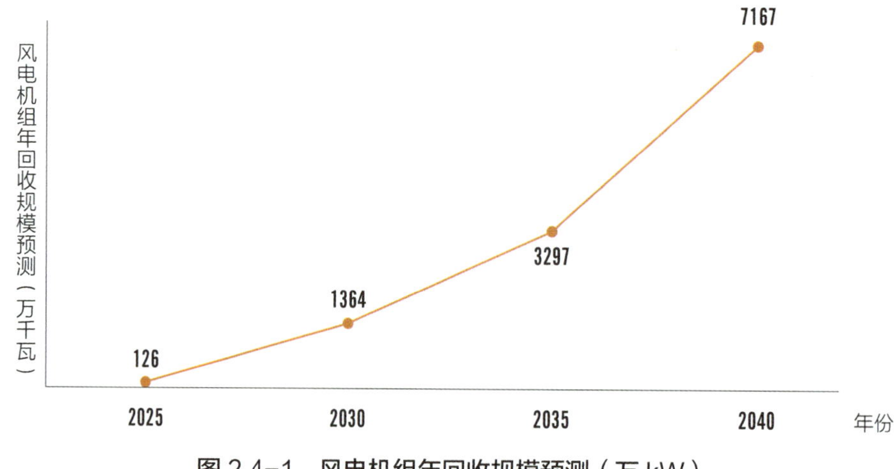

图 2.4-1　风电机组年回收规模预测（万 kW）

早期建设的部分风电场由于设备老化等原因，面临着运行安全风险大、运行效率低、运维成本高、经营压力大等问题，迫切需要改造升级。根据中国可再生能源学会风能专委会的数据，截至 2022 年底，中国累计退役风电机组共 604 台 92.8 万 kW，此数据远远超过理论估算值，相当于退役风电机组寿命期提前了三年，意味着风电机组大规模退役改造的时间可能会提前到来。

为了充分利用优质风能资源，提升风电场的运营效率，规范风电场改造升级和退役工作，2023 年 6 月国家能源局印发了《风电场改造升级和退役管理办法》（简称管理办法）。管理办法对运行超过 15 年或单台风电机组容量小于 1.5MW 的风电场以及并网运行达到设计使用年限的风电场提出了改造升级和退役的管理制度，填补了我国风电场改造升级和退役管理政策的“空白”，为未来风电市场循环低碳发展提供了指导方案。管理办法为风电机组改造和退役项目制定了较为详细的审批流程、土地使用、容量、上网电价、电网接入、项目经营权、补贴政策衔接等制度规定，将为更好利用优质风能资源、完善政策机制、促进行业可持续发展发挥重要作用。

2.4.2 风电“走出去”势头强劲

我国作为风电生产大国，度电成本优势处在全球前列，出口业务有望受益于海外风电项目稳步推进。在全球风电市场蓬勃发展的大背景下，我国每年新增出口容量从 2017 年的 64.1 万 kW 提升至 2022 年的 228.8 万 kW，出口累计的装机规模达到 1193 万 kW，遍布五大洲、49 个国家，其中主要出口国家依次为越南、澳大利亚、印度、美国、哈萨克斯坦、巴基斯坦、南非等。近两年，东南亚国家成为我国风电机组主要出口国，越南和印度分别在 2021 年和 2022 年位居新增出口国之首。除了风电机组外，中国制造的叶片、齿轮箱、发电机、塔架等风电机组供应链上的关键部件也陆续出口到美洲、非洲、欧洲、澳洲及东南亚等一些国家和地区。

同时，国内风电企业正在加快拓展海外市场。如金风科技的产品已出口至 30 多个国家和地区；远景能源拿下国际风电项目订单，总容量达 550 万 kW；明阳智能打进英国、意大利、日本等发达国家市场；大金重工获得英国、美国、法国的多个项目订单。随着我国风电开发企业、零部件企业、服务类企业纷纷加快布局海外市场，一条覆盖技术研发、开发建设、设备供应、检测认证、配套服务的国际业务链已经成型。

2.4.3 其他创新技术的应用

近些年，随着互联网、大数据技术的革新进步，各种软硬件设备的提升，一些新技术逐渐在各行各业崭露头角。风电产业作为新兴能源产业的代表，更加迫切需要应用一些新技术、新方法来提高效率、减少投入，促进行业发展。

（1）卫星遥感气象模拟技术

为实现双碳目标，风电行业得到快速的崛起和发展。风电开发企业对风电场的选址、评估越来越重视。但是大多数情况下，风电开发前期阶段区域并没有实际测风数据，对资源评估造成一定的困难。针对上述情况，风电项目前期工作中开始较多地使用中尺度数据，即利用卫星遥感技术探测地球表面气体流动，并与地表测风塔实测数据进行气象综合模拟，再通过一定的技术算法降尺度得到区域风资源。其最大的意义在于，风电项目前期开发资源评估过程中，一定程度上摆脱了对测风塔实测数据的依赖，可以在短时间内得到目标区域内的风资源情况，促进风电行业的快速发展。

（2）大数据技术

风电产业在中国已经发展几十年，最早树立的一批风电机组也已经 20 多年了。开发商、设计院、整机制造商都积累了丰富的技术、数据、文本信息等宝贵资料，例如测风数据、风电机组运行情况（实际功率曲线）等。在行业内利用大数据技术进行数据共享，将会极大地提高项目各方面信息的准确性，减少一些不必要的投资，促进产业发展。

（3）人工智能技术

随着人工智能的快速发展，越来越多的新技术应用在风力发电之中。比如，构建风力发电智能控制系统，为管理人员作出决策、判断提供支持，及时发现系统之中存在的故障，并及时提出有效解决方案；通过使用区域气象预报数据和风电机组历史发电数据来训练模型，并使用卷积神经网络（CNN）或 LSTM 模型来实现预测，提高了风电机组发电效率；利用人工智能技术，可以自适应地优化风电场发电的系统配置和操作方法，以适应当时的天气情况和电网电力负荷情况，最大化利用风能，降低能源的浪费和损失。人工智能技术是风力发电领域的未来趋势，它可以极大地提高风力发电的效率和可靠性，帮助人们更好地利用风能资源，推动能源转型发展。

新技术、新方法在快速地革新，应用新技术提高效率、减少人力投入，是未来风电行业的发展趋势。

2.5 经济性

风力发电的成本包括项目建设投资成本、生命周期内运行维护成本和财务费用。

风力发电的投资成本是指风电项目开发和建设期间的资本投入所形成的成本，主要包括：前期开发与土地征用费用、设备购置费用、建筑工程费用、安装工程费用以及项目建设期利息等费用。近几年，随着风电行业的技术进步，陆上风电的建设成本下降比较明显，但海上风电由于施工条件复杂，因而比陆上风电的建设成本更高。据统计，海上风电的平均建设成本约为陆上风电的 2 倍。

陆上风电建设成本：根据地形复杂程度、施工条件的不同，目前陆上风电建设成本基本在 4000 元 /kW ~ 6000 元 /kW 之间。其中，地形平坦、施工条件较好的西北部地区，建设成本在 4000 元 /kW 左右；中东部的山东、河北、山西等地，建设成本在 5000 元 /kW 左右；南部的湖南、云南、贵州、四川等地，由于山地较多，建设成本较高，建设成本在 6000 元 /kW 左右。陆上风电机组价格基本在 1300 元 /kW ~ 2000 元 /kW 之间。

海上风电建设成本：近海风电建设成本基本在 10000 元 /kW ~ 13000 元 /kW 之间，其中海上风电机组价格在 3500 元 /kW 左右。

表 2.5-1 为某典型陆上和海上风力发电的建设成本分析表。

叶片、齿轮箱、发电机是风电机组中价值量最大的零部件，成本占比最高。以双馈式风电机组为例，成本占比结构中叶片占比最高，约为 24%，其次为齿轮箱和发电机，占比分别约为 13%、9%。直驱式风电机组与双馈式风电机组的差异在于没有齿轮箱，不过其发电机成本占比会更高。半直驱兼具两者的特点，从结构上看同样含有齿轮箱。

表 2.5-1　典型风力发电的建设成本分析表

费用名称	投资占比（%）	
	陆上风电	海上风电
风电机组	30%	30%
塔筒	8%	7%
电气系统	19%	15%
建筑工程	15%	28%
安装工程	8%	8%
其他	20%	12%

陆上风电以某山区 10 万 kW 风电为例，风电机组成本约为 1800 元 /kW，工程单位动态造价约为 6000 元 /kW，资本金比例为 20%，项目按上网电价 0.3515 元 /kWh、年利用小时数 2150h 进行财务评价测算得出：项目投资财务内部收益率约为 7%（税前），资本金财务内部收益率约为 10%，投资回收期约为 11 年。项目整体收益较好，抗风险能力较强。

海上风电以东部沿海某海上风电为例，工程单位动态造价约为 11500 元 /kW，发电小时数为 3276h，电价为 0.391 元 /kWh，基本可满足资本金收益率 8% 的要求。

近年风电建设成本下降较快，但在目前平价的大背景下，如何降低风电成本，增加效益仍是行业面临的重要问题。降低风电度电成本，应从降低成本、提高发电量两个角度进行考虑。其中降低成本可分为降低风电机组成本、降低建设成本、降低运维成本三个角度；而提高发电量则可从提高风电机组可利用率和提高风电机组发电性能两个角度。主要措施包括：

（1）风电机组降载设计，降低风电机组成本，提高风电机组发电性能；

（2）风电机组模块化设计，降低风场建设成本；

（3）增大风轮直径及容量，提高风电机组发电性能；

（4）提高风电机组可靠性，降低运维成本与人员成本等；

（5）提高风电机组适应性变化，带动全产业成本降低；

（6）提高风电场规划、设计、建设及运维等智能一体化水平，全过程降低风电成本。

参考文献

[1] 沈又幸，郭玲丽，曾鸣 . 丹麦风电发展经验及对我国的借鉴 [J]. 华东电力，2008，36（11）：153-157.

[2] 万敏 . 基于新能源风力发电原理相关知识概述 [J]. 科技创新导报，2019，16（25）：67+69.

[3] 中国可再生能源学会风能专业委员会 . 中国风电产业地图 2022.

[4] 姚兴佳，王士荣，董丽萍 . 风力发电技术进座（一）风力发电技术的发展与现状 . 可再生能源，2006（01）：86-88.

[5] 董爽 . 风力发电技术现状及关键问题分析 [U]. 才智 .2016（06）.

[6] 中国可再生能源学会风能专业委员会 .2022 年中国风电吊装容量统计简报 .

[7] 中国气象局 . 全国风能资源详查和评价报告 [M]. 北京：气象出版社，2014.

3 光伏发电

CHAPTER

引 言

20 世纪 90 年代，多个国家出台光伏发电发展规划，促进了光伏晶硅技术和薄膜技术的突破，加速了光伏产业发展进程。我国 2009 年先后出台了“光电建筑”，“金太阳示范工程”和光伏电站特许权招标等多项政策措施，促进了多晶硅技术的规模化发展。“十三五”时期实施的“领跑者基地”政策，使得单晶硅技术得到规模化应用，并逐步取代多晶硅技术，目前已成为主流技术。经过十多年努力，光伏发电已成为我国亮眼的产业名片，晶硅技术已经领先全球，为我国乃至全球能源绿色低碳转型、应对气候变化做出了重要贡献。

3.1 技术原理及特点

太阳能光伏发电是利用半导体的光电转换效应，采用太阳电池将光能转换为电能的发电技术，基本原理为半导体的光伏效应，即在太阳光照射下产生光电压现象。光伏发电是太阳能利用的一种重要形式，其技术不断进步，是最具发展前景的可再生能源发电技术之一。当前商业化的光伏发电技术路线主要包括晶硅技术和薄膜技术。

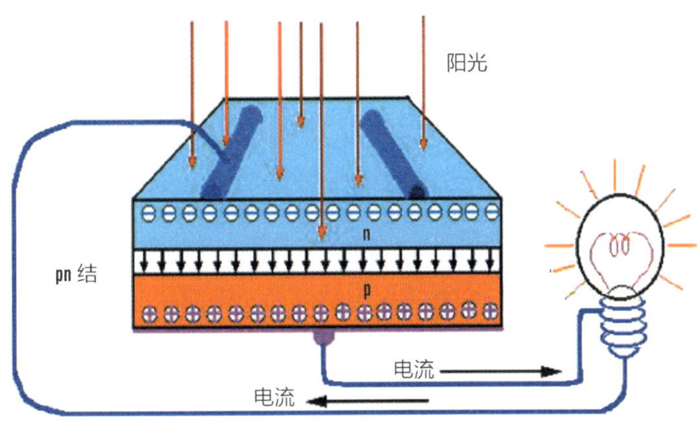

图 3.1−1 光伏效应原理图

光伏发电技术具有如下特点：一是光伏发电原理是直接从光子到电子的转换，没有中间过程和机械运动，发电形式简洁；二是太阳能辐射资源和原材料来源丰富；三是光伏发电系统易于建造安装、拆卸方便、规模灵活，且光伏系统维护管理简单，可实现无人值守，维护成本低。

3.2 技术动态和趋势

3.2.1 技术发展态势

传统晶体硅技术仍占主导地位，新型技术发展迅速。目前晶体硅电池由于其原材料来源丰富、技术成熟等优点成为市场主流技术路线，占据市场主导地位，市场占有率超过 90%。“十三五”后期 PERC（发射极及背面钝化）技术的推广应用，进一步推动了晶体硅电池转换效率的提高，当前主流规模化量产晶体硅电池平均转换效率提升至 23% 以上，实现了晶体硅电池技术的较大突破。“十四五”初期，以 N 型 TOPCon（氧化层钝化接触）、HJT（异质结）、XBC（背接触）等为代表的新型高效晶硅电池技术和以钙钛矿电池为代表的薄膜电池技术成为我国光伏发电技术的发展热点，研究机构多次创造新型电池技术实验室转换效率世界纪录，部分企业已开展相关技术的产业化试点、示范和规模化生产，新型电池技术产业化进程逐步推进。

我国光伏发电传统晶硅技术路线电池效率领先全球。在现有商业化的主流光伏电池方面，我国在电池效率上已经处于全球领先水平。晶体硅 HJT 电池已经达到 26.81% 的世界纪录，N 型单晶 TOPCon 双面电池效率也已达到 26.1%，引领全球晶体硅光伏电池转换效率。薄膜电池方面铜铟镓硒、砷化镓等技术路线上，电池转换效率保持全球领先，柔性铜铟镓硒电池效率已经突破 19%，砷化镓单结电池效率也已经突破 29%。我国在目前主导市场地位的光伏技术路线上，电池效率已经实现了全球领先。

光伏电池技术呈现多样化趋势。目前光伏发电主要技术路线包括单晶 PERC、N 型 TOPCon、异质结 HJT、背接触 XBC、钙钛矿等。从电池技术路线发展看：2022 年，单晶 PERC 技术市场占比约 88%；N 型 TOPCon 技术占比约 8%；HJT 占比约 0.6%；XBC 处于小规模量产阶段，市场占比很少，钙钛矿技术还处于研发试生产阶段。总的来看，光伏电池技术正在从传统 P 型 PERC 电池向 TOPCon、HJT 等 N 型技术过渡。未来光伏技术将进一步向着更高的转换效率、更少的原材料消耗、更低的能源消耗、更低的制造成本方向发展。钙钛矿电池、叠层电池的技术作为未来光伏电池技术重要的发展方向，成为全球光伏发展的着力点。

薄膜电池技术有望迎来新的发展空间。薄膜太阳电池材料消耗少，造价相对较低，且具有轻、薄、柔以及弱光性能好的特点，在消费电子、光伏建筑一体化等领域有独特的优势。近年来国内外薄膜电池研究取得了稳步进展，同时，研究机构与产业界也在密切合作，积极进行薄膜太阳电池的中试与产业化生产，取得了长足的进步。但是，受晶体硅太阳电池更快发展速度、更高性价比的挤压，使得薄膜电池的市场份额呈逐年缩小趋势。目前规模化量产的薄膜电池技术主要包括碲化镉、铜铟镓硒、硅基薄膜等三种，都可以在玻璃或柔性衬底表面制作，可以在建筑物轻型屋顶、幕墙玻璃、可移动设备和便携式电子设备、能源自给式帐篷与单兵作战等军用移动设施得到应用。“十四五”初期以钙钛矿电池为代表的新型薄膜电池发展令人瞩目，成为光伏发电技术发展的热点之一。其单节实验室效率已达到26.1%，叠层实验室效率达到33%左右，而单结钙钛矿太阳能电池理论极限效率达到33%，叠层最高转换效率高达45%左右，远超晶硅电池29.4%的极限效率。当前钙钛矿电池已经开始了兆瓦级的试生产，叠加薄膜技术的生产步骤简单、成本低、可与建筑完美结合等优势，以钙钛矿为代表的薄膜电池将得到越来越多的关注，未来随着效率提升和成本进一步下降，薄膜电池将迎来新的发展空间，从而冲击晶硅电池技术为主的光伏发电发展格局。

光伏发电系统面临提升构网能力的需求。随着光伏发电项目接入电网的规模越来越大，电网接入光伏系统面临越来越大的挑战。光伏并网消纳需要从两方面着力。一方面需要电网端增强接入能力；另一方面需要光伏发电本身技术创新，使光伏发电变成电网友好型电源，在涉及光伏发电并网的关键技术如光伏并网逆变技术、光伏并网监控技术、反孤岛保护技术、低电压穿越以及直流并网技术等方面实现突破，光伏发电系统对电网的适应能力需要不断提高。另外随着大功率地面光伏电站规模不断扩大，光伏资源预测、光伏系统监控及能量管理技术也将成为重要的突破方向之一，除了保证光伏发电系统安全稳定运行外，还需要降低光伏并网功率的波动性，增强光伏与水电、储能等其他发电系统的多能互补协调控制能力，以及远程监控等功能。

3.2.2 产业链技术发展态势

颗粒硅技术逐步实现突破。多晶硅制造是光伏晶硅电池路线的上游产业。当前主流的多晶硅生产技术主要有三氯氢硅还原改良西门子法和硅烷流化床法等。目前我国绝大部分企业采用改良西门子法，市场份额占比达95%。

我国多晶硅生产技术不断进步，2022年多晶硅生产综合电耗平均已到60kWh/kg-Si，比“十二五”初期下降了近50%左右，综合能耗平均值为8.9kgce/kg-Si，比“十二五”初期下降了73%左右。生产技术的进步推动多晶硅企业的生产成本持续下降，目前已到80元/kg以下，比“十二五”初期下降了61%，有力推动了光伏产业的大规模发展。

颗粒硅技术是最近受行业关注的另一条多晶硅生产工艺，采用硅烷流化床工艺生产，综合电耗是改良西门子法的1/3，从而使得硅料成本可以下降10%左右，进一步降低光伏发电成本。近期颗粒硅技术发展快速，工艺技术、生产控制技术基本成熟，关键设备的备品备件初步实现国产化，市场占有率逐步提升，已经进入小规模量产阶段。但颗粒硅技术仍然面临产品杂质高、纯度低、产品质量稳定性有待验证等技术工艺和生产装备配套的挑战。

硅片薄片化、大尺寸趋势明显。目前硅片切割技术不断提高，硅片厚度不断降低。2022 年 P 型单晶硅片平均厚度在 155μm 左右，同比下降近 10%，TOPCon 电池的 N 型硅片平均厚度为 140μm，用于异质结电池的硅片厚度约 130μm。随着金刚线直径降低以及硅片厚度下降，等径方棒 / 方锭每公斤出片量不断增加。2022 年 P 型每公斤单晶方棒出片量约为 59 片，N 型 TOPCon 单晶方棒出片量约为 63 片，N 型 HJT 单晶方棒出片量约为 50 片（182mm 硅片尺寸基准）。

随着下游对单晶产品的需求增大，单晶硅片市场占比也将进一步增大，且 N 型单晶硅片占比将持续提升。多晶硅片的市场份额由 2021 年的 5.2% 下降至 2.5%，未来呈逐步下降趋势，但仍会在细分市场保持一定需求量。2022 年 182mm 和 210mm 硅片尺寸合计占比由 2021 年的 45% 迅速增长至 82.8%，未来其占比仍将快速扩大。

电池技术逐渐向 N 型技术过渡。全球光伏电池技术得到快速发展，呈现多样化趋势。从电池技术路线发展看，光伏电池技术正在从传统 P 型 PERC 电池向 TOPCon、HJT 等 N 型技术过渡。从工艺角度看，PERC 目前最成熟，TOPCon 需要在 PERC 产线上增加扩散、刻蚀及沉积设备改造，成本增加幅度小；而 HJT 电池工艺简单、步骤少，但基本全部替换掉 PERC 产线；XBC 电池工艺最难最复杂，需要使用离子注入等工艺，生产技术门槛较高。钙钛矿太阳能电池目前仍处于实验室及中试阶段。

表 3.2-1　电池技术当前相关指标

技术路线		当前效率	理论极限效率	市场占有率
单晶 PERC		23.2%	24.5%	88%
N 型 TOPCon		24.5%	28.7%	8.30%
异质结 HJT		24.6%	27.5%	0.60%
背接触 XBC	IBC	24.5%	26% 左右	很少
	TOPCon 结合 TBC	25.5%	30%	很少
	HJT 结合 HBC	26.5%	29.1%	很少
单结钙钛矿		26%	33%	实验室
叠层技术		25%~32%（实验室）	45%	实验室

组件技术向双面、功率增大方向发展。组件技术主要围绕光学、电气和结构三方面发展。光学方面主要通过优化和更换材料减少光照光学损失，以及通过优化焊带结构和电池片拼接技术，减少电池片片间空隙，提高对光的吸收能力；电气方面是通过优化电池内部的电流走势和电池片间的连接结构，减少电阻损失，主要包括半片、多主栅和叠瓦等技术。结构方面是从整体上改变组件排布和构造，实现结构优化，如双面组件技术和大硅片组件技术等。目前组件前板玻璃减反射技术、组件前板玻璃减膜技术、无边框组件技术、电池片互联技术等都得到了不断发展。

由于晶体硅太阳电池光谱响应范围一般为 300nm ~ 1200nm，因此减反射镀膜玻璃可以有效降低此波段内太阳光反射损失，提升玻璃透光率。目前，组件厂商对透光率的要求在 93.5% 到 94% 之间，当前钢化镀膜玻璃大部分为单层镀膜，透光率约 93.9%，未来新投玻璃产能基本均采用双层镀膜，透光率可做到 94.4% 以上，随着技术进步，透光率仍有一定的提升空间。

由于半片或更小片电池片的组件封装方式可有效提升组件功率，因此当前半片组件技术的市场占比为 92.4%，未来其所占市场份额会持续增大。随着市场对双面发电组件的认可，双面组件市场占比逐渐提升，目前达到 40.4%，“十四五”末期双面组件将超过单面组件成为市场主流。当前随着大硅片技术的发展，组件功率组件增大，采用 182mm 尺寸 72 片 PERC 单晶电池的组件功率已达到 550W；采用 210mm 尺寸 66 片的 PERC 单晶电池的组件功率达到 660W。采用 182mm 尺寸 72 片 TOPCon 单晶电池组件功率达到 570W。采用 210mm 尺寸 66 片异质结电池组件功率达到 690W，功率提升成为组件技术发展的一个趋势。

表 3.2-2　组件技术当前相关指标

	单晶 PERC			TOPCon（182mm）	HJT（210mm）	XBC（166mm）
	166mm	182mm	210mm			
组件功率（W）	455	550	660	570	690	470

逆变器技术尚需增强构网能力。目前光伏逆变器技术路线主要包括集中式逆变器、组串式逆变器、集散式逆变器以及微型逆变器，其中组串式逆变器和集中式逆变器是当前市场主流技术路线，前者约占 78% 的市场份额，后者约占 20% 市场份额。集中式逆变器的功率范围一般在 500kW~5MW 之间，主要应用在集中式大型电站；组串式逆变器功率范围

一般在 1.5kW~500kW，主要应用在分布式光伏和集中式电站；集散式逆变器功率范围一般在 1MW~10MW 之间，集合了集中式逆变器和组串式逆变器的优点；微型逆变器功率范围一般在 3.6kW 以下，主要应用在户用等小型光伏系统中。

逆变器技术发展受光伏应用场景和技术进步影响比较大，从逆变器技术发展方向看，未来逆变器将向着单机功率提升、功率密度提高的方向上发展。从应用场景看，分布式户用光伏、光伏建筑一体化、光伏储能一体化、光伏发电并网等不同场景将促进逆变器向智能化、数字化、构网能力增加等方向上发展。随着光伏发电并网规模的逐步扩大，电网调节能力面临巨大挑战，因此光伏发电系统需要从电源端不断增强自身构网能力，成为电网友好型电源，而光伏逆变器是光伏发电系统提升构网能力的关键部件。

如今大多数并网逆变器的控制架构是跟网型，跟网型控制建立在系统的电压和频率由惯性源调节的前提之上。这种控制架构不能保证在低惯性条件下的逆变器装置的稳定性，也就难以支撑以逆变器源为主要发电设备的低惯性新型电力系统稳定性。

逆变器的构网型控制能够提供类似传统同步机的功能，控制逆变器输出端电压的幅值和频率 / 相位具备构网能力。构网能力的衡量标准主要考虑调频调压性能、过载能力和抗扰性。构网型能力的提升需要从软件和硬件两方面考虑，且以软件层面为主。软件层面涉及的相关技术主要包括电压稳定技术（构网型控制技术和主动快速无功响应技术）、频率稳定技术（虚拟惯量响应和快速一次调频）、功率振荡抑制技术、虚拟阻抗技术、并 / 离网故障穿越技术、黑启动技术、无同步并机线的逆变器并联控制技术和通信协议等。

E 3.3 资源情况

我国太阳能资源丰富，总体呈现“高原大于平原、西部干燥区大于东部湿润区”的特点。其中，青藏高原最为丰富，年总辐射量超过 1800kWh/m^2，部分地区甚至超过 2000kWh/m^2。四川盆地资源相对较低，有的低于 1000kWh/m^2。

根据年太阳总辐射量进行区划，可划分为最丰富（A）、很丰富（B）、丰富（C）、一般（D）四个等级（见表 3.3-1 和图 3.3-1）。青藏高原及内蒙古西部是我国太阳总辐射资源“最丰富区”（大于 1750kWh/m^2），面积占全国陆地面积的 19.7%；以内蒙古高原至川西南一线为界，其以西、以北的广大地区是资源“很丰富区”，普遍有 1400kWh/m^2~1750kWh/m^2，占全国陆地面积的 46.2%；东部的大部分地区，资源量一般有 1050kWh/m^2~1400kWh/m^2，属于资源“丰富区”，占全国陆地面积的 30.4%；四川盆地由于海拔较低且全年多云雾，一般不足 1050kWh/m^2，是资源“一般区”，占全国陆地面积的 3.7%。

中国气象局风能太阳能中心统计了太阳能固定式光伏发电光伏组件按照最佳倾角放置时能够接收的太阳总辐照量情况（简称“最佳斜面总辐照量”）。2022 年，全国平均年最佳斜面总辐照量为 1815.8kWh/m^2，较近 30 年平均值偏大 40.8kWh/m^2，同比偏大 67.1kWh/m^2。2022 年全国平均固定式光伏电站首年利用小时数为 1452.7 小时，较近 30 年平均值偏多 32.7 小时，同比偏多 53.7 小时。

表 3.3-1　全国太阳辐射总量等级和区域分布表

名称	年总量（MJ/m^2）	年总量（kWh/m^2）	年平均辐照度（W/m^2）	占国土面积（%）	主要地区
最丰富带（A）	≥6300	≥1750	约≥200	约 22.8	内蒙古额济纳旗以西、甘肃酒泉以西、青海 100°E 以西大部分地区、西藏 94°E 以西大部分地区、新疆东部边缘地区、四川甘孜部分地区
很丰富带（B）	5040～6300	1400～1750	约 160～200	约 44.0	新疆大部、内蒙古额济纳旗以东大部、黑龙江西部、吉林西部、辽宁西部、河北大部、北京、天津、山东东部、山西大部、陕西北部、宁夏、甘肃酒泉以东大部、青海东部边缘、西藏 94°E 以东、四川中西部、云南大部、海南
较丰富带（C）	3780～5040	1050～1400	约 120～160	约 29.8	内蒙古 50°N 以北、黑龙江大部、吉林中东部、辽宁中东部、山东中西部、山西南部、陕西中南部、甘肃东部边缘、四川中部、云南东部边缘、贵州南部、湖南大部、湖北大部、广西、广东、福建、江西、浙江、安徽、江苏、河南
一般带（D）	<3780	<1050	约 <120	约 3.3	四川东部、重庆大部、贵州中北部、湖北 110°E 以西、湖南西北部

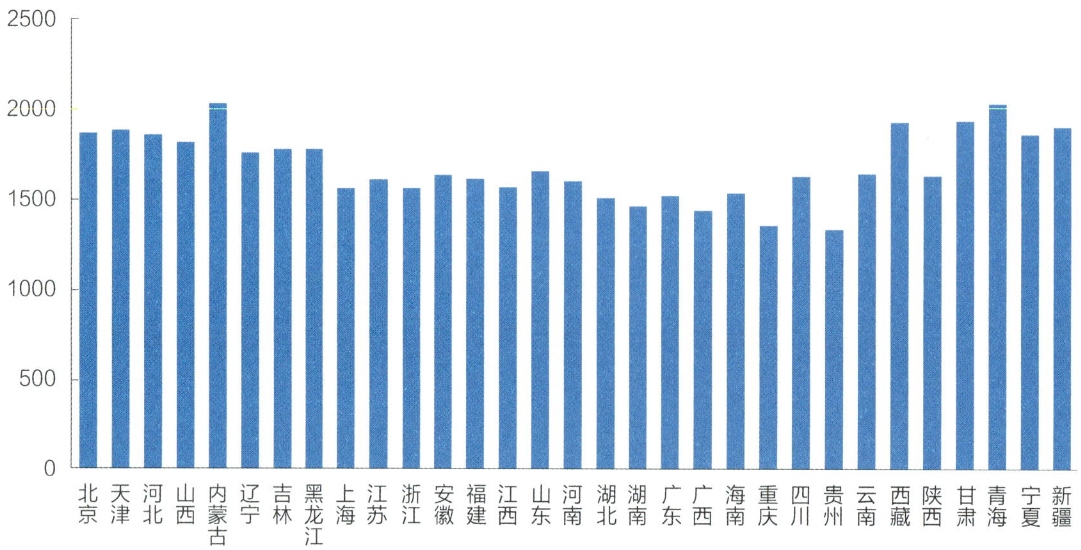

图 3.3-1 各地 2022 年固定式光伏发电最佳斜面总辐照量平均值（kWh/m²）

3.4 产业发展现状及前景

3.4.1 光伏制造业发展态势

全球光伏制造业规模持续扩大，我国占主导地位。多晶硅方面，从产能产量来看，2020 年后多晶硅产业迎来快速发展期，2022 年全球多晶硅产能达到 131.5 万吨，同比增速为 96%，2022 年全球多晶硅产量为 93.8 万吨，同比增速为 49%。2023 年随着投产产能的释放，预计多晶硅产能产量将进一步快速增长，全球多晶硅产能有望突破 300 万吨；从产能地域布局来看，2022 年全球多晶硅产能中有 88% 的产能集中在中国，86% 的全球多晶硅产量来自中国。未来随着中国区域扩张产能的快速释放，海外产能增长缓慢，中国多晶硅产能产量占比预计继续提升至 90% 以上。

硅片方面，从产能产量来看，全球硅片产能产量持续增长，主要增幅来自中国。2022 年全球硅片产能为 567.1GW，同比增速为 34.5%，产量约为 336GW，同比增速为 50%。2023 年硅片产能依然保持高速增长，全球硅片产能有望达到 848GW；从产能地域布局来看，2022 年全球硅片 98% 的产能集中在中国，全球硅片 98% 的产量来自中国。2023 年预计硅片产能产量依然将快速释放，但随后增速将放缓，中国产能产量依然占绝对优势。

电池片方面，2022年全球电池片产能为567.2GW，同比增速为24.4%；2022年全球电池片产量为330GW，同比增速为50%；从产能区域布局看，2022年全球电池片91%的产能集中在中国，全球电池片88%的产量来自中国。

组件方面，从产能产量来看，全球组件产能产量同样维持高增速，主要增幅同样来自中国。2022年全球组件产能为527.7GW，同比增速为13.4%，产量为310GW，同比增速为53%；从产能区域布局来看，2022年全球组件91%的产能集中在中国，全球84%的产量来自中国，其余大部分布局在越南、泰国等东南亚地区。

制造技术工艺不断发展，成本进一步下降。中国光伏龙头制造企业凭借其晶硅制造技术及成本控制的优势，在全球光伏制造业中处于领先地位。目前，光伏行业技术路线不断迭代，产业技术不断突破。多晶硅方面，生产能耗显著降低，颗粒硅产业化规模有所扩大，引导多晶硅成本进一步下降。除此之外，多晶硅环节涌现出一批新进入者，包括宝丰能源、青海丽豪、江苏润阳、合盛硅业等，在为行业注入更多活力的同时，也将加剧行业竞争；硅片方面，大尺寸和薄片化发展趋势明显。182mm和210mm尺寸的硅片合计占比已增长成为主流产品。P型单晶硅片平均厚度已下降到155μm左右，TOPCon电池的N型硅片平均厚度已降到140μm左右；电池片方面，N型电池推进速度加快，隆基绿能、晶科能源、晶澳科技、天合光能、正泰、东方日升、尚德、一道等厂商均已投产规模化TOPCon产线。通威、晋能、国电投、天合光能、东方日升、隆基绿能、晶澳科技、爱旭科技、阿特斯、爱康、山煤、华晟、钧石等企业均已量产或规划了异质结产能。另外，电池片企业开始加强垂直一体化布局，例如润阳布局硅料环节，通威股份布局硅片，隆基绿能、晶科能源、天合光能、晶澳科技、阿特斯、正泰等企业也进行了电池片环节的扩充；组件方面，单位面积组件功率进一步提升，行业龙头企业通过布局大尺寸电池、高功率组件进一步降低系统的度电成本，大尺寸、高功率组件市场占比快速提高。超过30家光伏企业在2021年推出了功率最高超过700W的组件产品。另外双面组件渗透率提升，半片、叠瓦等组件产品也得到了进一步发展。近期，钙钛矿产品引发了新一轮投资热潮，一些企业开始布局相关中试线。

产业链扩产加速，制造业竞争风险加剧。当前受光伏产业发展形势影响，社会资本过热涌入光伏产业链。传统光伏企业加速产业垂直一体化布局，延伸自身产业链。另外一些新进入光伏行业的企业开始参与其中，如京东、腾讯等知名企业，近期通过资本运作相继进入光伏产业。这致使光伏产业各个产业链的产能不断扩张。

硅料环节受近期硅料涨价的影响，原有的硅料制造企业加快扩充产能，其他企业和社会资本也快速进入这一环节，据统计我国多晶硅在建和计划中的项目已超过 20 个，产能到 2025 年将超过 300 万吨，可以支撑超过 1000GW 的硅片生产，年均多晶硅产能新增超过 50 万吨，而当前市场的多晶硅需求量不到 100 万吨。另外，颗粒硅技术的突破也将加剧硅料生产制造产业的新一轮洗牌，这都将使得硅料环节中短期内竞争压力巨大；硅片环节的生产制造集中度相对较高，但近期也有不少企业跻身其中，2023 年，我国硅片产能将达到 700GW 左右，远超当前的年新增光伏发电市场，这将导致硅片生产企业之间的残酷竞争；组件环节，经过 2020 年的快速扩产后（当年扩产规模超过 300GW），2021 年扩产有所放缓，2022 年组件又开始一轮大扩张，根据各企业的扩产规划，扩产规模达到 160GW，使得组件环节的同质化比较严重；同样在光伏玻璃、逆变器等环节的投资扩产规模都比较大，已经远超短期光伏发电市场规模。

这一轮光伏产业的产能扩张吸引了大量的社会资源，产业链各个环节的产能布局都已经超过了当前市场容量，这将导致近期光伏企业之间出现恶意竞争，造成社会资源浪费。同时不同技术路线的产能布局也亟待优化，一些先进产能的产业规模尚需扩大，而一些同质化严重的产能急需压缩。从长远看，产业尚需根据技术发展趋势，优化布局先进技术的产业规模，扩大高效率、低成本的产品线。

3.4.2 光伏产业现状分析

我国是全球最大的光伏产品生产国，从多晶硅、硅片、电池和组件到逆变器等，产量都占全球市场的 80% 以上。我国光伏产业生产链配套齐全，产业规模化效应明显，成本控制力强，在全球具有较明显的竞争优势。

我国 2022 年多晶硅产量达到 82.7 万吨，占全球产量超过 80%，进口多晶硅数量 8.7 万吨，进口多晶硅金额 25.8 亿美元。我国多晶硅主要进口来源地为德国、马来西亚、日本、美国等，其中德国和马来西亚合计进口数量占据 87%。德国是我国最大的多晶硅进口来源地，进口金额 15.5 亿美元，占比 60%。

国外多晶硅生产企业主要集中于德国 Wacker、韩国 OCI、美国 Hemlock 等企业。我国多晶硅行业第一梯队企业主要是通威股份、新疆大全、新特能源和协鑫四家，从产能占比看通威股份大约占总产能的 29%，新疆大全占比约为 18%，协鑫科技占比约为 16%，新特能源占比约 13%。第二梯队企业有东方希望、江苏中能和亚洲硅业，以上三家企业产能占比约为 20%。

2022 年受资本投资、光伏垂直一体化等影响，光伏产业链企业开始扩大多晶硅环节的投资，产能扩张较快。据不完全统计，我国多晶硅产能扩张已经达到 300GW 以上，可以满足 1000GW 晶硅电池组件的需要，出现竞争加剧的趋势。

表 3.4-1　全球主要多晶硅企业产量及产能情况

企业名称	国别	技术路线	2020 产量	2021 年产量	2022 年产量	目前规划产能（GW）
通威	中国	三氯氢硅法	8.62	10.94	23	80~100
协鑫	中国	三氯氢硅法	7.1	9.7	10.5	/
		硅烷法	0.4	0.76	5.4	60
新疆大全	中国	三氯氢硅法	7.728	8.66	11.5	20
新特能源	中国	三氯氢硅法	6.5	7.82	17.2	50
Wacker	德国	三氯氢硅法	5.9	5.8	6	8
	美国	三氯氢硅法	0.9	1.6	2	
东方希望	中国	三氯氢硅法	4	6	15	46.25
OCI	韩国	三氯氢硅法	0.1	0.1	0.5	4
	马来西亚	三氯氢硅法	2.66	2.8	3.5	
亚洲硅业	中国	三氯氢硅法	2.1	2.2	8	8
Hemlock	美国	三氯氢硅法	1.6	1.78	1.8	1.8
天宏瑞科	中国	硅烷法	0.55	1.37	1.8	1.8

硅片制造是我国光伏产业链在全球占比最高的环节，2022 年产量约为 357GW，全球占比超过 96%。当年我国光伏硅片出口额达到 50.5 亿美元，主要出口越南、马来西亚、泰国等地。主要原因是 2022 年美国商务部对来自柬埔寨、越南、马来西亚和泰国四国的太阳能产品发起“反规避关税”的调查，间接刺激美国下游进口商突击囤货，继而拉动我国上游硅片产品向上述四国出口激增。

我国硅片生产企业方面，一直以来隆基绿能和 TCL 中环占据整个硅片市场近 60% 份额。隆基是目前全球最大的硅片生产企业，2022 年产能达到 150GW，2023 年拟扩展产能 100GW，总产能将超过 250GW。TCL 中环产能达到 140GW，拟扩张产能到 180GW。另外晶科、晶澳等企业也纷纷扩大产能。近期资本快速涌入硅片环节，一些新进企业如双良、上机数控等，扩产迅猛，使得硅片扩产迅速增加，根据各厂家发布的扩张规划，2023 年我国硅片扩产总产能超过 730GW，远超市场容量。

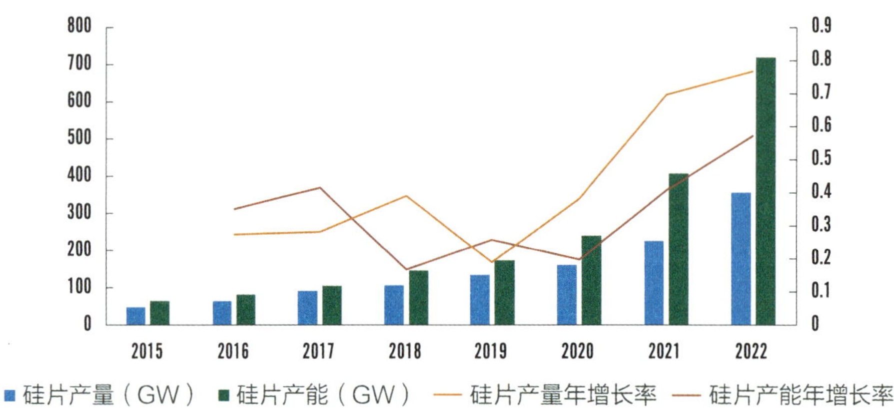

图 3.4-1　我国硅片产量产能历年变化情况

表 3.4-2　我国主要硅片企业产量和产能情况

重点企业	2022 产能（GW）	2023 规划产能（GW）
隆基	133	200+
中环	140	180
晶科	65	75
协鑫	55	80
双良	50	50
晶澳科技	40	70
上机数控	35	65
高景太阳能	30	50
京运通	20.5	42
天合光能	20	50

电池片环节从全球看龙头企业基本被国内垄断，排名前五的企业都是中国企业。2022 年我国电池片产量达到 318GW，同比增长 60.7%，出口额 37.4 亿美元，前五大出口市场分别为土耳其、印度、柬埔寨、泰国、韩国，合计占出口市场 75% 的份额。其中，对土耳其的出口额为 8.9 亿美

元，占市场份额的24%，位居第一位。

从产能情况看，头部企业持续扩产，前五名厂家总产能约264GW，对比2021年增幅约125%。截至2022年底，隆基绿能电池片总产能达到60GW，晶科、天合、通威、晶澳等产能也都扩充到40GW以上。

表3.4-3 我国主要电池片企业产能情况

重点企业	2022产能（GW）	2023规划产能（GW）
隆基	60	30
晶科	55	75
天合	50	75
通威	49	64
晶澳	40	70
爱旭	35.2	42
中润	25	60
润阳	22	35
一道新能源	20	30
阿特斯	19.8	50

组件从制造业布局看，全球光伏组件生产制造重心仍在中国大陆。2022年我国光伏组件产量288.7GW，同比增长58.8%；出口量约154.5GW，同比增长53.8%；出口额412.4亿美元，同比增长达65.3%。荷兰、巴西、西班牙是2022年我国组件出口前三大市场。俄乌冲突导致能源危机，引发欧洲对光伏发电需求的暴增，我国对欧洲出口额225.1亿美元，占整体出口市场的54.6%，出口量为84GW。

2021年全球TOP5组件生产企业产能增量76.7GW，全球光伏组件排名前十的企业中，中国企业占据八家，仅余韩国韩华和美国First Solar两家海外企业。

3.4.3 我国光伏市场

我国光伏市场规模逐渐加速。我国从2013年后光伏市场开始大规模发展，虽然市场有起伏，但近三年市场规模逐年扩大，且有加速趋势。2022年我国光伏发电新增装机87.41GW，占当年全国电源新增装机的43.8%，成为我国电力新增装机的主力，累计装机达到393GW，占全国电力装机的 15.3%。未来按照 2030 年风光装机达到 1200GW 的目标，光伏年新增装机规模将超过 100GW，我国光伏市场规模呈现逐步加速的态势。

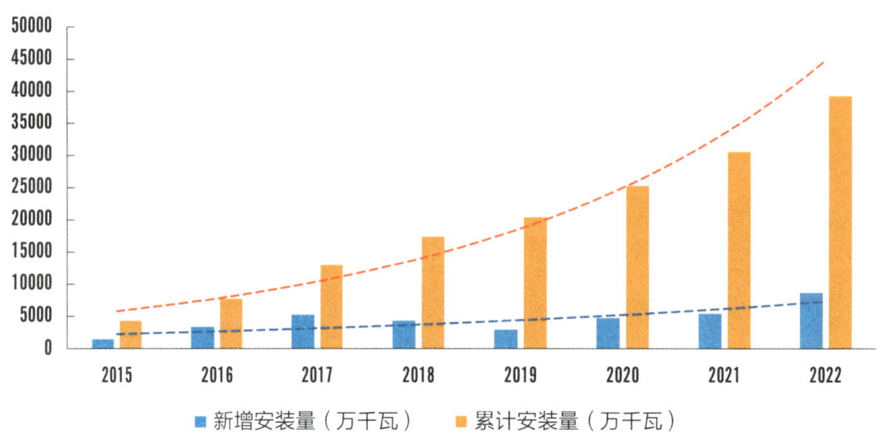

图 3.4-2 我国光伏市场发展情况

我国光伏市场分布式增速加快。我国的太阳能光伏市场以前都以大型电站为主，2021 年分布式光伏新增装机首次超过集中式电站，2022 年分布式光伏仍然延续了增长势头，有增长加速的趋势，当年分布式光伏占光伏新增装机的 58.5%，比 2021 年提高了 5 个百分点。分布式光伏市场主要分布在我国中东部电力负荷比较大的区域。

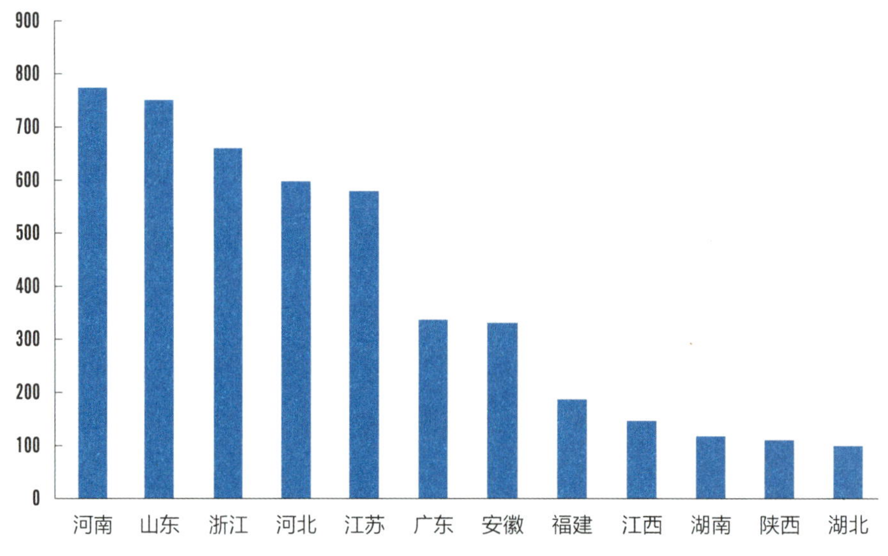

图 3.4-3 我国 2022 年分布式光伏新增装机超过 100 万千瓦的省份情况

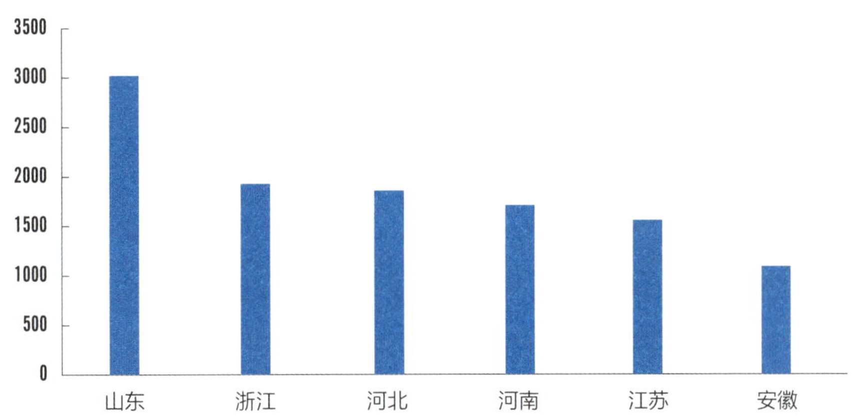

图 3.4-4　2022 年分布式光伏累计装机量超过千万千瓦的省份情况

风光大基地助推光伏市场发展。“十四五”期间我国开始实施“以沙漠、戈壁、荒漠地区为重点的大型风电光伏基地”建设项目，规划风光总装机规模约455GW。目前，已有 10 个大型外送风光基地开始启动，涉及内蒙古、甘肃、青海、新疆、山西等 5 个省（区），其中宁夏腾格里沙漠东南部基地首期 100 万千瓦光伏已建成投产，内蒙古库布齐沙漠中北部基地先导工程 100 万千瓦光伏已开工建设。“沙戈荒”风光大基地项目将助力光伏发电市场快速发展。

先进性指标引领产业升级。当前以沙漠、戈壁、荒漠地区为重点的大型风电光伏基地正在加快推进，基地化建设成为我国光伏发电的重要应用场景。由于光伏发电先进技术和产品的成本较高且缺乏市场验证，其市场推进缓慢。为加快推动光伏技术与产业升级，突破产业链核心关键环节，2022 年太阳能光伏行业相关组织和机构《光伏建设先进性指标》，引导“沙戈荒”大基地光伏项目建设采用先进技术和产品，引领光伏产业提高技术水平，促进产业技术升级换代。光伏建设先进性指标分为光伏电站核心指标与自主创新指标，其中光伏组件转换效率等核心指标定期调整。

3.5 经济性

光伏发电投资成本保持下降趋势。光伏发电投资成本主要包括光伏设备及安装成本、建筑工程及土地成本、相关管理费用和财务费用组成的其他费用。在单位初始投资中设备及安装费用占比约为三分之二，而其中光伏组件占比最高，占全部初始投资的 45% 左右，占设备及安装费的 65% 左右。我国光伏发电组件成本从 2017 年的平均约 2.4 元 / 瓦下降到 2020 年的 1.6 元 / 瓦，降幅达到 50%，“十四五”初期受材料价格和供求关系影响，组件成本有所浮动。光伏发电投资成本也由 2017 年的 6 元 / 瓦左右下降到 2022 年的 3.6 元 / 瓦左右，与组件成本变化趋势一致。2023 年上半年，组件价格又出现下降态势，引导光伏发电投资成本呈下降趋势。

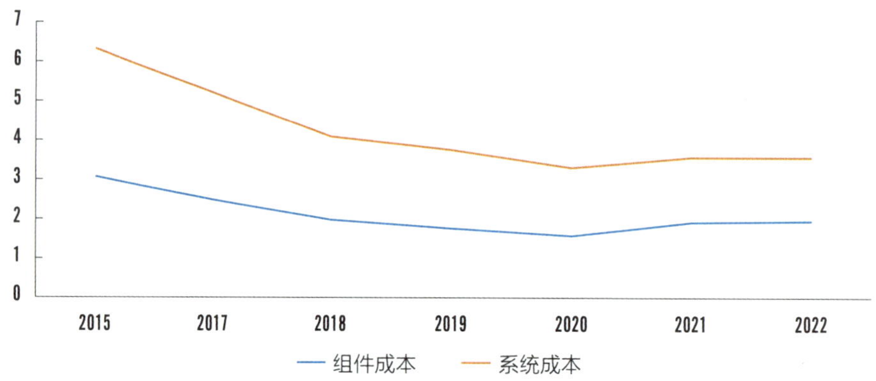

图 3.5-1　光伏发电成本变化趋势（元 / 瓦）

光伏发电已进入平价上网时代。我国光伏发电发展离不开政策支持，从最初的初投资补贴，到特许权招标再到标杆上网电价，国家财政给予了光伏发电大力扶持。在政策激励下，光伏发电通过规模化发展和技术发展的双轮驱动，使得成本快速下降。“十四五”初期国家发展改革委发布了《关于 2021 年新能源上网电价政策有关事项的通知》，通知明确从 2021 年起，新备案集中式光伏电站、工商业分布式光伏项目实行平价上网，上网电价按当地燃煤发电基准价执行。光伏发电进入平价上网时代，摆脱了对财政政策的依赖。

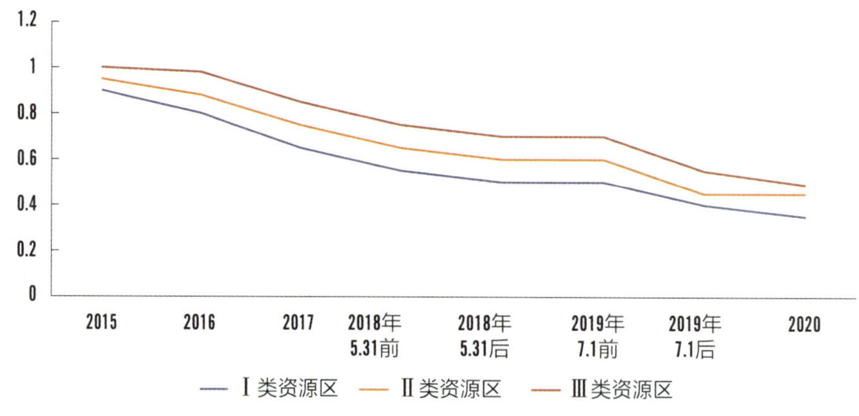

图 3.5-2　光伏发电上网电价变化情况（元 / 千瓦时）

未来光伏发电成本仍具有下降空间。光伏发电成本受规模化和技术发展两大因素影响较深。一方面，“十四五”初期受光伏产业链供求关系的影响，光伏产品价格出现小幅上涨，导致光伏产业链扩产潮，各环节产能扩产步伐加快，产业规模化进一步扩大，随着新建产能逐步投产，市场竞争将加剧，光伏产品价格将不断下降；另一方面，光伏发电技术进一步发展，新技术、新工艺不断涌现，发电效率稳步提升，从而带动光伏发电成本降低。未来随着电池技术的不断创新，光伏发电效率将进一步提升，由技术驱动的成本下降仍将延续，光伏发电成本仍有下降空间，近中期光伏发电成本将保持下降趋势。

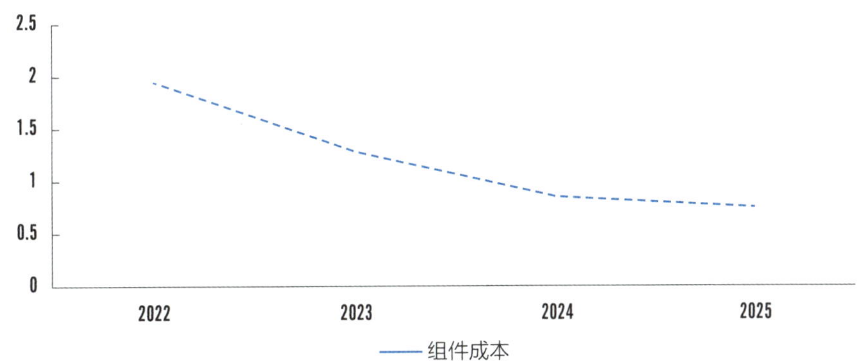

图 3.5-3　光伏组件成本变化趋势（元 / 瓦）

参考文献

[1] 国际可再生能源能源署 . Snapshot of Global PV Markets 2023. 2023.

[2] 中国光伏行业协会 . 2022—2023 年中国光伏产业发展路线图 . 2023.

[3] 中国光伏行业协会 . 2022—2023 年中国光伏年度报告 . 2023.

[4] 国家发展改革委能源研究所 . 中国可再生能源产业发展报告 2018. 2018.

4 光热发电

CHAPTER

引 言

太阳能热发电（即光热发电）技术最大的优势源于储热系统，从而具有良好的电力输出稳定性和调节性能，可在新型电力系统中发挥重要作用。

“十三五”期间，通过光热发电示范项目的实施带动，我国光热发电行业取得了长足的进步，具备了国际竞争力。“十四五”以来，国内光热发电采用与光伏和风电项目一体化开发、整体平价上网的模式，已取得开发指标和在建的光热发电项目超过350万千瓦。国家能源局《关于光热发电规模化发展有关事项的通知》（国能综通新能〔2023〕28号）提出，力争“十四五”期间，全国光热发电每年新增开工规模达到300万千瓦左右。由此，我国光热发电行业已进入规模化发展的新阶段。

4.1 技术原理及特点

光热发电技术通过聚集太阳直接辐射获得热能，并将热能转化为机械能推动透平发电。光热发电技术最重要的优势是具备储热系统，在白天日照条件下，将获得的部分热能储存在储热装置中，可在无日照时段利用储热发电以满足电网要求，机组的发电功率稳定可靠，受光照强度变化影响较小，可以实现连续 24 小时发电，并具有优良的调节性能，是极具发展前景的新能源发电技术。

聚焦太阳直接辐射并转化为热能是光热发电的关键过程，这一过程被称之为聚光集热。根据聚光集热技术路线的不同，光热发电主要有槽式、塔式、线性菲涅耳式和碟式等 4 种技术路线。由于碟式光热发电系统难以大规模配置储热系统，不具备连续稳定的出力特性，本报告不包含碟式光热发电技术。

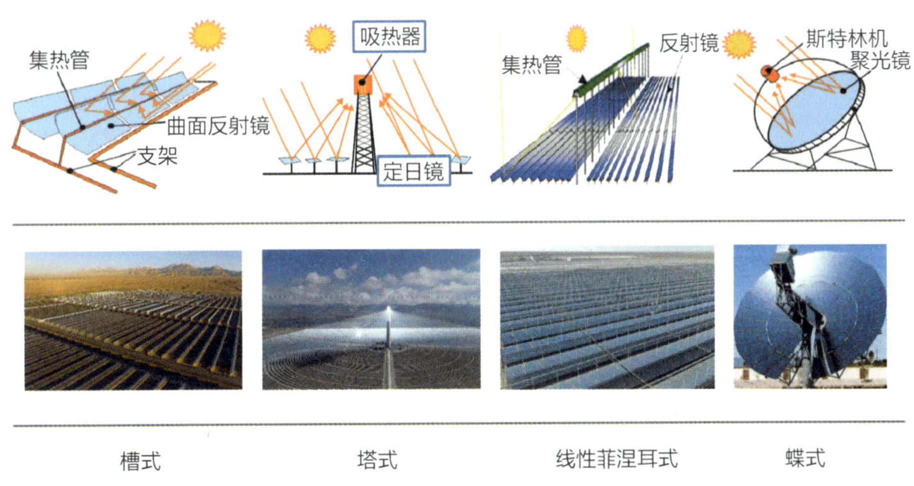

图 4.1-1　光热发电聚光集热技术路线

4.1.1 槽式光热发电技术

槽式光热发电技术是一种线聚焦形式的光热发电技术，如图 4.1-2 所示。在槽式光热发电系统中，由抛物面槽式聚光器的反射镜将太阳光反射聚焦于真空集热管，加热真空集热管中的传热介质至一定温度，再利用传热介质的热能加热水从而产生蒸汽，驱动汽轮发电机组发电。

槽式太阳能热发电系统可采用导热油或熔融盐作为传热介质。槽式导热油热发电技术比较成熟，导热油工作温度一般不超过 400℃，其最大的优点是多组集热器平行排列，同步跟踪，跟踪控制相对简单且造价低。槽式太阳能热发电技术采用熔盐作为传热介质时，温度可达 550℃，传热介质与储热介质均采用熔盐，有利于减少储热损失，降低储热成本，目前仍有待商业工程示范验证。

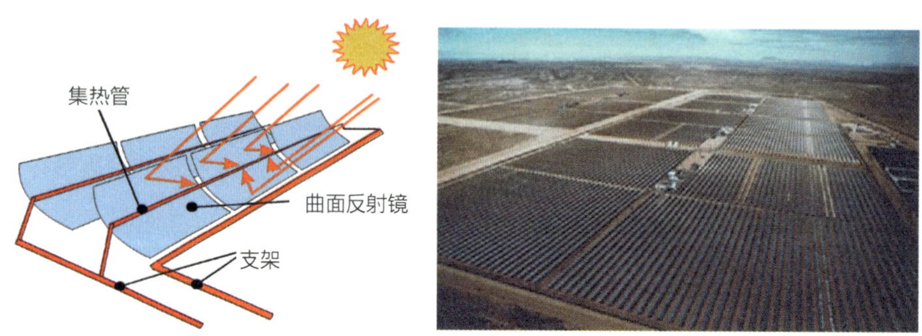

图 4.1-2　**槽式太阳能热发电技术**

槽式光热发电系统主要由聚光集热系统、储换热系统、蒸汽发生系统和发电系统组成，典型的槽式导热油光热发电系统示意图如图 4.1-3 所示。聚光集热系统由阵列成回路的集热器连接组成，主要负责吸收太阳辐射能量并转化为热能传递给导热油。导热油在集热场中由 293℃被加热至 393℃，再由过热器、再热器、蒸发器和预热器组成的蒸汽发生系统加热给

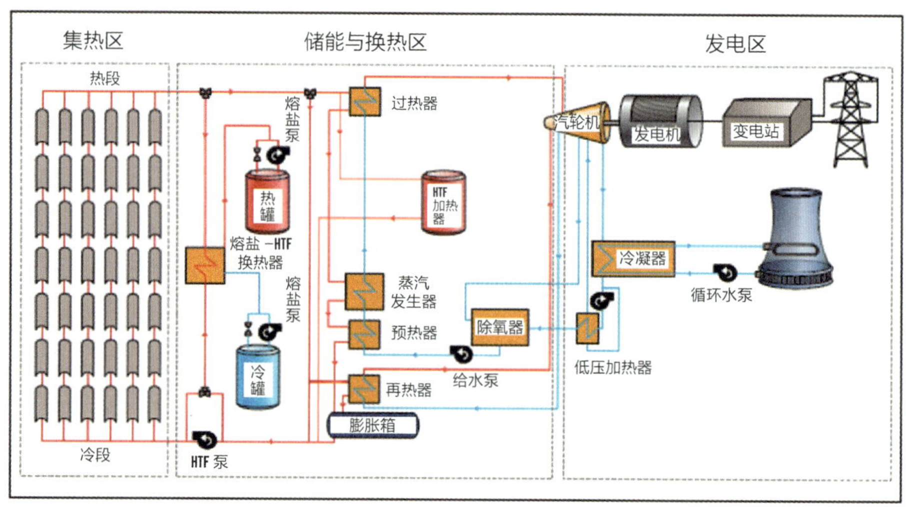

图 4.1-3　**槽式光热发电系统示意图**

水，产生 10MPa/383℃左右的高压蒸汽，驱动汽轮发电机组发电。当聚光集热系统提供的热量超出发电系统所需的热量时，可通过油盐换热器将导热油的热量传递给熔盐，储存至储热系统中。当没有光照或光照强度不满足稳定发电出力时段，可以通过油盐换热器将储热系统中存储的热量再传递给导热油，实现光热发电机组的稳定出力。

槽式聚光回路对场地坡度要求一般不高于 1.5%。由于回路多，聚光集热导热油系统对水动力平衡也具有很高要求。此外，导热油槽式系统需配置防凝系统，避免导热油在系统中凝结。

4.1.2 塔式光热发电技术

塔式光热发电技术是一种点聚焦形式的光热发电系统，如图 4.1–4 所示。其主要技术原理是利用众多的定日镜跟踪太阳，将太阳的直接辐射反射到吸收塔顶部的吸热器上，加热吸热器内的传热介质，传热介质将热量传递给水，产生过热蒸汽，驱动汽轮机发电机组发电。

目前商业化应用的塔式太阳能热发电技术传热介质已由水工质转向熔盐，采用熔盐作为传热介质时，吸热系统和储热系统用同一工质，储热容量大、成本低，可实现机组长时间连续运行。

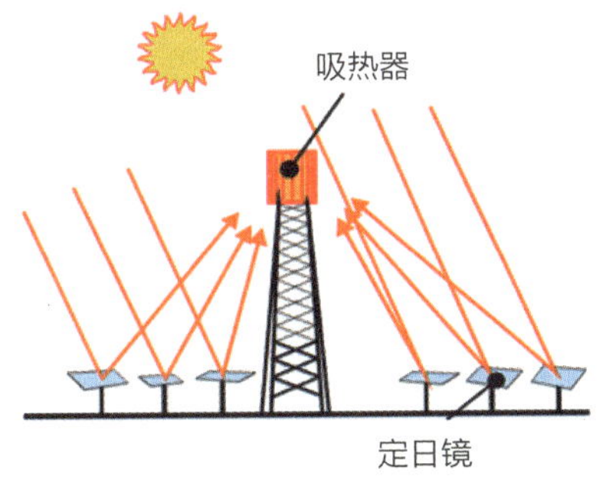

图 4.1–4　塔式太阳能热力发电技术

塔式熔盐光热发电系统由聚光集热系统、储热系统、蒸汽发生系统及发电系统组成。图 4.1–5 所示为塔式熔盐光热发电系统示意图，定日镜将太阳直接辐射反射至吸热塔顶端的吸热器上，将 290℃的熔盐工质升温至 565℃后进入储热系统的热熔盐罐中，再通过热熔盐泵将热熔盐罐中的热盐打入蒸汽发生系统与给水进行换热，产生 14MPa/540℃左右的高温、超高压蒸汽进入汽轮发电机组做功发电。高温熔盐放热后温度降低到 290℃左右，回到冷盐储罐。熔盐再通过冷盐泵打入吸热器进行加热循环。

塔式镜场对场地坡度要求相对较小，定日镜布置较为灵活，光电效率受纬度的影响也相对较小。但定日镜与吸热器距离相对较远，对空气洁净度的要求相比槽式和线菲更高，吸热塔高度和吸热器炫光因素要求其距离机场保持合理的距离。

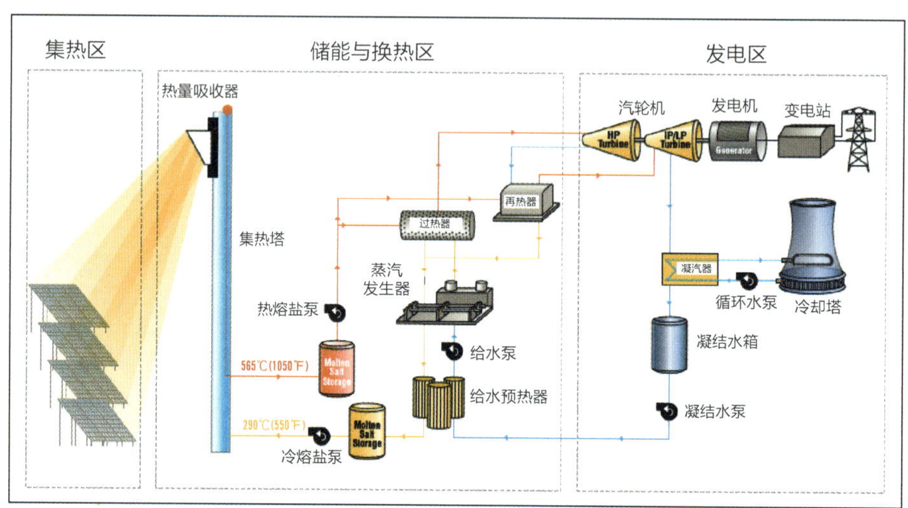

图 4.1–5 **塔式熔盐光热发电系统示意图**

4.1.3 线性菲涅尔式光热发电技术

线性菲涅耳式光热发电技术是槽式光热发电技术的一种简化，该技术采用长条形一级平面反射镜代替槽式抛物面镜，由二级反射镜和集热管组合为线性菲涅耳太阳能接收器。线性菲涅耳式光热发电技术原理如图 4.1–6 所示，通过跟踪太阳运动，一级反射镜将太阳光聚集到固定的二级反射镜和集热管上，二级反射镜同样将太阳光反射到集热管上，加热集热管中的吸热介质，再利用吸热介质的热能通过蒸汽发生系统产生过热蒸汽，或直接加热集热管中的水产生过热蒸汽，推动汽轮机做功发电。

线性菲涅耳式光热发电技术与槽式一样，采用一维跟踪系统，镜场余弦效率损失相比槽式更大，光热效率相对更低，导致年均光电转化效率也相对较低。但线性菲涅耳式光热发电技术平面镜的制造相对于抛物面镜更为简单，聚光器成本较低；一次反射镜可贴近地面布置，有利于减少镜面间遮挡，布置更为紧凑，土地利用率更高。

图 4.1-6　菲涅尔发电技术

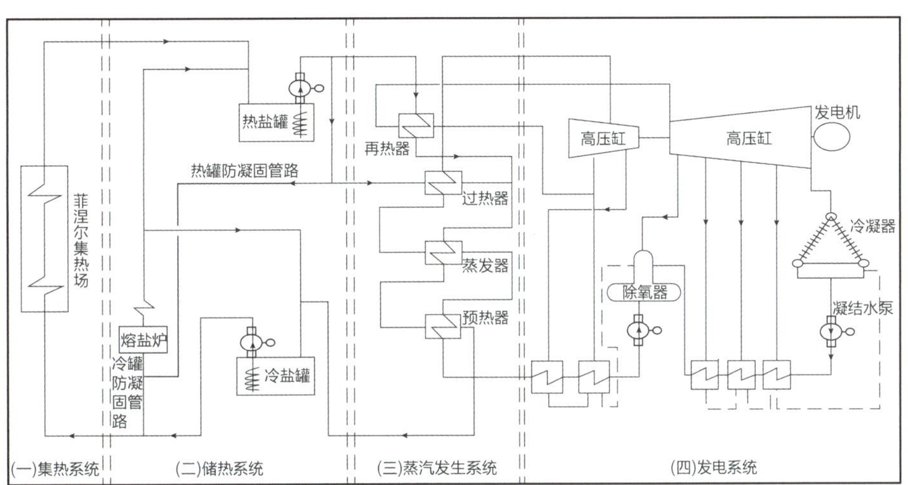

图 4.1-7　线性菲涅尔光热发电系统示意图

4.2 技术动态和趋势

4.2.1 国际动态

截至 2022 年底，全球光热发电累计装机容量约 7000MW。全球已投运光热发电装机主要分布在西班牙、美国、摩洛哥、中国、南非和印度等国家。全球在建和开发中的光热发电机组主要分布在中国、阿联酋、南非和智利等国家。

全球已投运商业化光热发电项目技术路线主要为槽式、塔式和线性菲涅耳式。全球在运装机以槽式为主，占比约 76%；塔式光热发电装机占比约 20%，线性菲涅耳式光热发电装机占比约 4%。

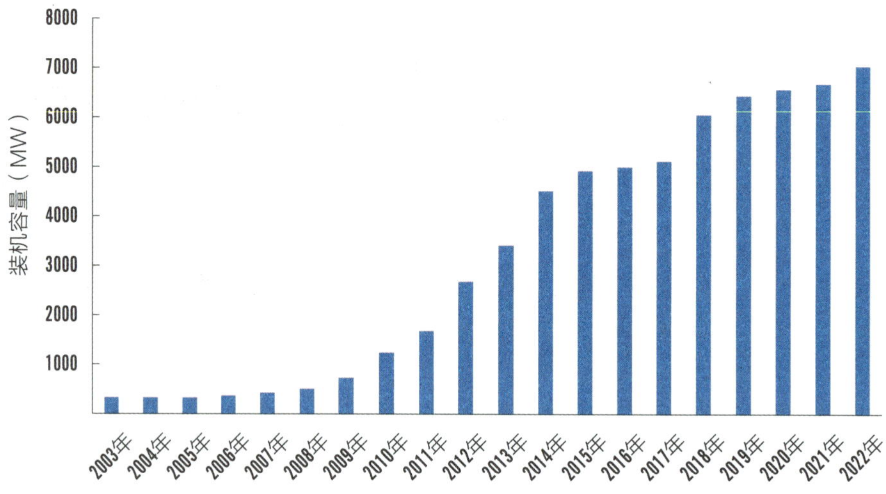

图 4.2-1　2003～2022 年全球光热发电装机容量变化

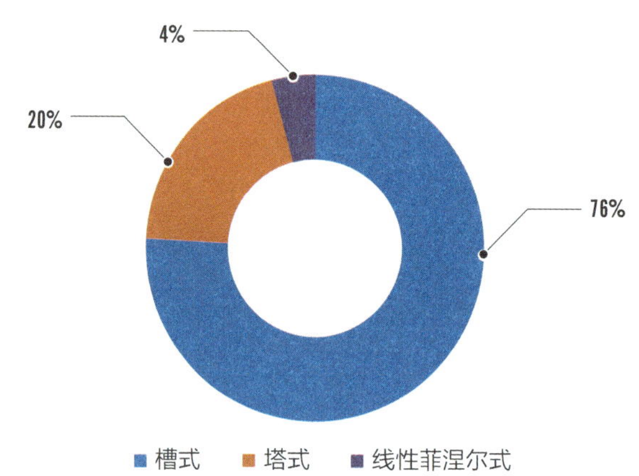

图 4.2-2　光热发电不同技术路线装机占比（在运）

（1）槽式技术路线

从全球光热发电发展历程来看，槽式光热发电技术最为成熟、最早的商业化运行机组于 20 世纪 80 年代投运，其运行可靠性和项目经济性已经在世界范围内几十余个商业化光热电站中得到了证明。由于其商业应用的先发优势，国际光热发电装机以槽式为主。

槽式光热发电技术主要采用导热油作为传热介质，受限于导热油集热上限温度，主汽参数一般为 10MPa/383℃/383℃。熔盐储热技术最早于 2008 年在西班牙 Andasol 1 槽式光热发电项目中成功应用，储热时长 7.5 小时。西班牙槽式光热电站在运 40 余座，是全球槽式光热发电装机最多的国家，其中约半数的槽式光热电站配置了熔盐储热系统，使得光热发电出力可靠性显著提高，从而纳入了西班牙电力平衡。

槽式光热发电技术的商业应用历史悠久，位于美国莫哈维沙漠（Mojave Desert）的 SEGS 1～9 槽式光热发电项目运行期达到 30 年。从目前国内外投运的槽式光热发电项目运行情况来看，调试消缺期短，发电量可迅速攀升至较高水平。

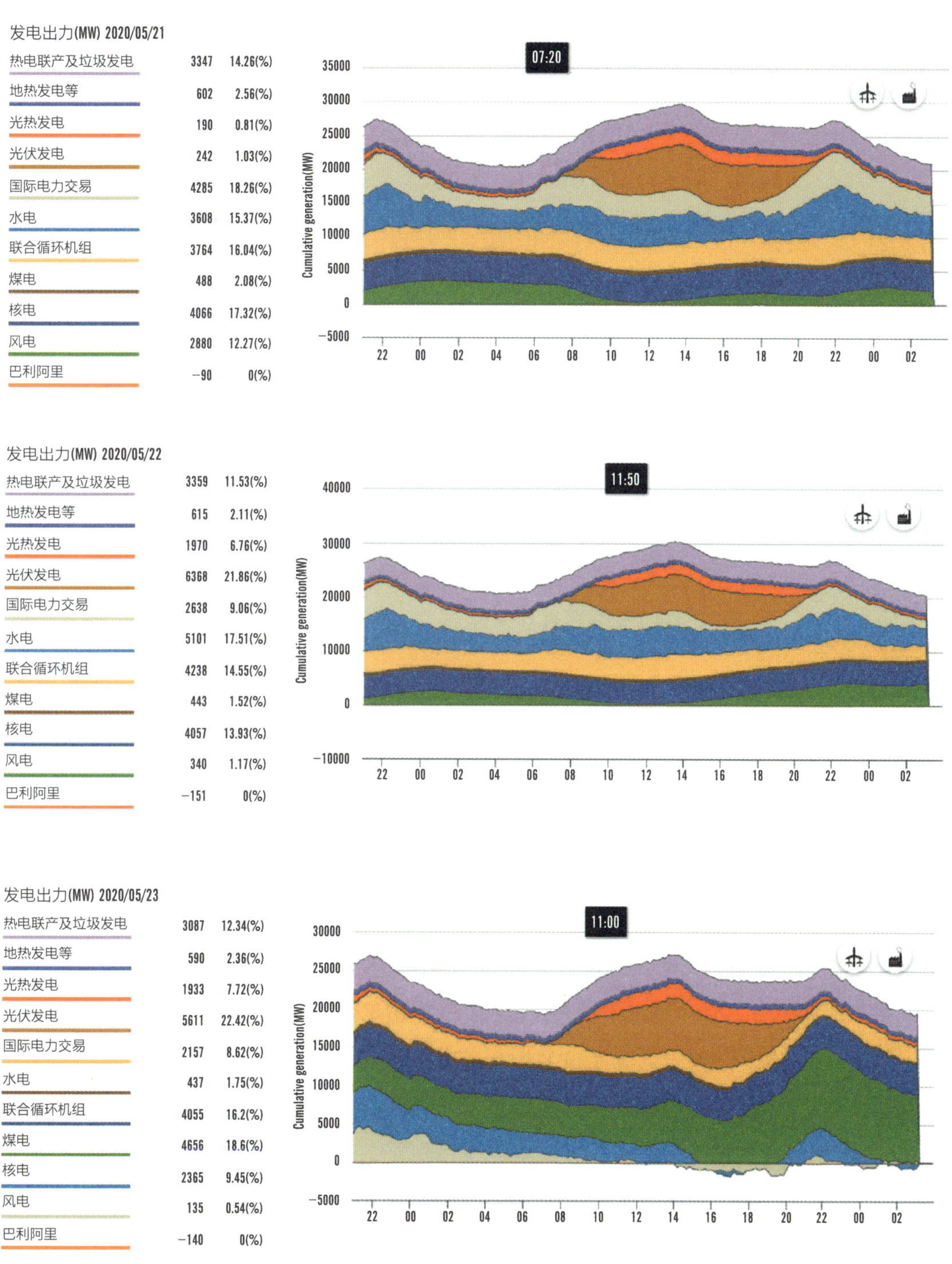

图 4.2-3　**西班牙电力系统实时出力**（2020 年 5 月 21 日至 23 日）

（2）塔式技术路线

由于熔盐塔式技术集热和储热介质均采用熔盐，具有集热温度高、储热系统成本低等特点，其在建和开发中的装机比例呈上升趋势，但国外塔式核心技术仅掌握在少数供应商手中。

熔盐塔式光热发电技术已成为塔式光热发电技术的主流，吸热和储热介质均采用熔盐，有利于实现大容量储热，以及聚光集热系统和发电系统的“解耦”运行。熔盐塔式光热发电技术典型蒸汽参数为14MPa/535℃/535℃，储热时长一般超过 10 小时。西班牙 Gemasolar 光热项目于 2012 年投产，是国际上投运最早的熔盐塔式光热发电项目，发电装机 20MW，储热时长 15h，能够在一年中的多个月份实现 24 小时不间断发电，最长连续发电 36 天的记录，夏季实现一周内连续满负荷出力，冬季通过夜间降出力运行，也可实现连续一周出力。

国际已投运的商业化熔盐塔式项目还有美国 Cresent Dunes 110MW 项目（储热 10h）、摩洛哥 NOOR III 150MW 项目（储热 7h）、智利 Acatama-1 110MW 项目（储热 17h）等，在建项目包括迪拜 100MW 项目（储热 15h）。

（3）线性菲涅耳式技术路线

国际上投运的线性菲涅耳式光热发电项目均采用水工质作为传热介质，不利于实现大容量储热，因此不配置储热系统，商业化应用的规模相比槽式和塔式更少；国外相关企业开展了以熔盐为吸热介质的线性菲涅耳回路中式装置研发示范，但没有熔盐线性菲涅耳式光热发电项目实施。

4.2.2 国内动态

2016 年 9 月，国家能源局发布了第一批 20 个光热发电示范项目名单，总装机容量 1349MW，明确示范项目电价（含税）为 1.15 元 /kWh。截至 2023 年 8 月，我国并网的大型商业化光热发电项目 9 个，总装机容量约 550MW。已并网的光热发电技术路线包括槽式导热油光热发电技术（并网 150MW）、塔式熔盐光热发电技术（并网 350MW）和线性菲涅耳式熔盐光热发电技术（并网 50MW）。

槽式、塔式和线性菲涅耳式光热发电项目在“十三五”期间同步开始商

业化示范应用，我们西北地区普遍具有纬度高，塔式光热发电技术具有纬度影响小、光电转化效率高、储热成本低、系统防凝方案简单等优势，且我国相关企业已经掌握了塔式光热发电的核心技术，我国在运及实施中的光热发电项目以塔式技术路线为主。

国外光热发电项目所处地区普遍呈年均气温较高、风沙少的特点。相对而言，我国光热发电项目普遍位于甘肃、青海、新疆和内蒙古等冬季严寒、风沙大的地区，反射镜跟踪及熔盐系统防凝等运行工况比国外更为恶劣，部分设备必须进行针对性调整设计。同时，相比导热油槽式技术路线，国内外熔盐塔式光热发电项目数量少、参数高、运行经验少，需要不断积累经验，电厂消缺和发电量攀升期相对更长。

首批光热发电示范项目的实施推动不同技术路线的光热发电项目开展了商业化示范应用，带动了光热发电行业技术进步、产业发展和成本下降。从运行情况来看，由于工期紧张、经验缺乏和西北地区运行工况恶劣等因素，部分项目开展了较多的设备消缺和优化改进工作，近年来发电量表现不断提升。

中广核德令哈 50MW 槽式光热发电项目（储热 9h）和乌拉特中旗 100MW 槽式光热发电项目（储热 10h）发电量表现良好。2022 年 4 月～2023 年 3 月，乌拉特中旗槽式项目（储热 10h）年发电量约 3.3 亿度，中广核德令哈 50MW 槽式光热发电项目（储热 9h）2022 年不停机连续运行 230 天。

中控德令哈 50MW 熔盐塔式光热发电项目（7 小时熔盐储热）2019 年 8 月至 2020 年 7 月，年累计实际发电量 12182 万 kWh，发电量达成率 88.6%，最长不停机连续运行达到 12 天；若排除电网及设备故障等因素影响，发电量达成率可达 99%。2022 年，该项目全年发电量 1.46 亿 kWh，考虑极端不利天气及电网检修等因素，发电量达成率超过 92%。该项目塔式镜场供应商长期以来在德令哈市开展了塔式聚光集热系统和熔盐吸热、储换热系统的技术研发、工程验证和运行维护，2012 年 10MW 水工质塔式机组投运，2014 年熔盐吸热器改造投运，得益于长期的技术研发和近十年的运维经验积累，50MW 示范项目投运后发电量达成率迅速达到较高水平，不仅验证了我国自主知识产权的熔盐塔式光热发电技术可行性和可靠性，其发电量达成率也超出了国外大型熔盐塔式光热发电项目同期表现。

兰州大成熔盐线性菲涅耳式光热发电项目是全球首个投运的熔盐线性菲涅耳式光热发电项目，验证了线性菲涅耳聚光集热系统及其熔盐防凝方案的可行性，通过设备消缺及聚光器型式优化等手段，发电量表现不断改善。

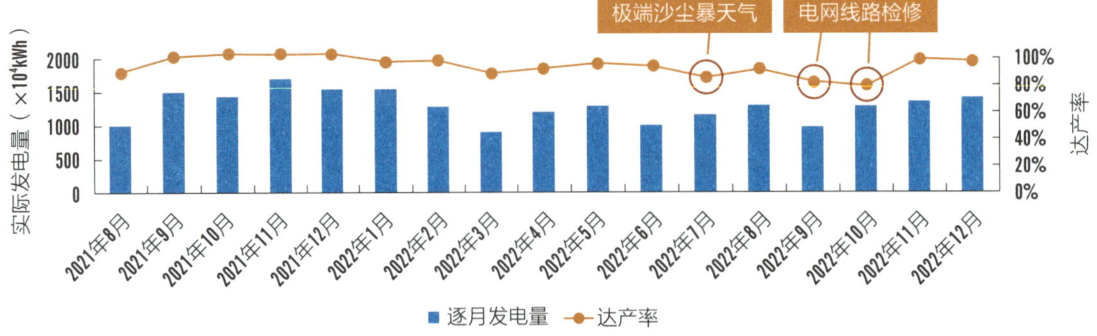

图 4.2-4　中控德令哈项目 2021 年 8 月至 2022 年 12 月发电情况

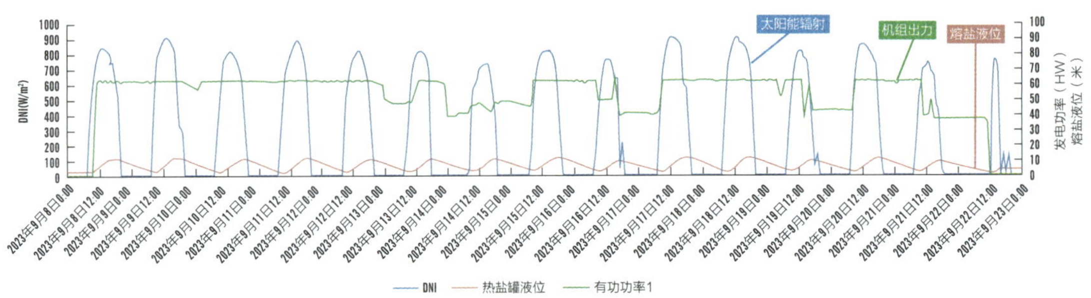

图 4.2-5　首航敦煌项目连续 15 日发电曲线

4.2.3　发展趋势

光热发电技术商业化应用已经较为成熟，"大规模—高参数—大容量储热—低成本"仍然是光热发电未来的主要发展趋势。未来一段时间内，光热发电在一体化开发模式下主要发挥调峰作用；随着新型电力系统建设推进，依托光热发电熔盐储热系统和汽轮发电系统的特点，光热发电可通过配置熔盐电加热器、补燃锅炉和兼具调相机功能等方式，使光热发电在系统中承担储能、可靠支撑电源和系统稳定器等多重角色，在新型电力系统中发挥重要作用。

聚光集热系统。与光伏发电随着大规模应用成本不断下降不同，光热发电受限于应用规模，聚光集热系统成本仍然处于较高水平，光热发电聚光集热系统部分的单位电量投资目前甚至高于整个光伏发电项目的单位电量投资，发电成本亟须快速下降。槽式技术方面，研发应用大开口尺寸聚光集热器，有利于降低单位成本；采用熔盐、硅油等替代导热油作为传热流体，提高传热流体工作温度上限，以提升项目综合发电效率，降低储热成本。线性菲涅耳式技术方面，针对性地研发东西向布置的聚光集热系统，有利于适应高纬度地区光热发电项目开发的需要。塔式技术方面，降低定日镜成本、提高聚光集热系统效率和可靠性是塔式发电技术的重要发展方向；研发无线控制，乃至无线供电镜场有利于降低镜场成本；定日镜的快速安装、快速调试、快速检测和自动清洗技术愈发受到重视。

储热系统。储热系统是光热发电的关键，二元盐仍然是目前最为可靠的储热介质，双罐熔盐储热系统是目前最为成熟可靠的高温储热系统。国内光热发电行业从未停止在储热系统优化创新的探索步伐，提出了双层熔盐储罐、熔盐储罐下沉布置、固体混凝土储热等技术方案，以提高储热系统的可靠性和经济性。此外，高温、大扬程国产熔盐泵开始在国内光热发电项目中应用并得到认可，提高熔盐泵、熔盐换热器、反射镜等关键设备的的运行可靠性对光热发电至关重要。

熔盐电加热储能系统。由于太阳能资源的波动性，光热发电项目储热系统一般具有一定的可利用空间，尤其是“光热 +”一体化项目中，光热发电调峰运行，储热容量相对更大，熔盐储热系统可利用空间更大。依托光热发电已有的储换热装置及汽轮发电系统，仅需增设熔盐电加热器，能够以较低的成本利用新能源弃电加热熔盐储能，在负荷高峰时段发电，从而使光热发电项目兼具储能作用，将随机性、波动性的风电光伏弃电量转化为稳定、可调的光热电量，有利于降低新能源弃电，增加电源侧可靠顶峰置信能力。熔盐电加热器主要有电阻式、电极式和电磁式三种熔盐加热方式，电阻式和电极式效率相对较高，可达到 98% 以上，传统电磁式加热器效率相对略低；目前电阻式熔盐电加热器技术较为成熟，但仍需进一步提高电压等级、电加热器容量；电极式熔盐电加热器目前已具有大容量熔盐电加热器的订货业绩，但仍有待工程验证。电加热器熔盐储能的电—热—电系统效率约 40%，还需通过技术创新进一步提升系统效率，降低投资成本。

汽轮发电系统。光热发电汽轮发电系统与传统火电发电类似，同时又具有频繁、快速启停的要求，汽轮发电系统需进行针对性调整。此外，汽轮发电系统还需适应熔盐储热发电装机大型化的要求，个别项目提出了 300MW 等级汽轮发电系统方案。一体化项目中风电光伏项目配置调相机的需求日益增加，光热发电发电机兼具调相机功能，有利于减少新能源侧调相机需求及投资。此外，国内外正在推进太阳能超临界二氧化碳布雷顿循环发电系统的技术攻关与示范应用，研发与超临界二氧化碳布雷顿循环参数相匹配的吸热系统、储换热系统及系统集成等技术；通过太阳能超临界二氧化碳布雷顿循环发电系统的研发和工程示范应用，不仅有利于提高发电效率，还可以大幅降低水资源消耗，扩大沙戈荒地区光热发电的应用区域范围。

光热发电补燃系统。受太阳能资源波动性限制，在连续阴天、雨雪天气条件下，光热发电难以发挥作用。光热发电具有与生物质、氢、氨等零碳燃料互补耦合的良好条件，通过新增补燃锅炉，利用光热发电既有的换热器、储热系统和汽轮发电机组提供可靠电力。

4.3 我国太阳能直接辐射资源

我国有十分丰富的太阳能资源，1971 年～2017 年的 46 年间，太阳年总辐照量均在 1050kWh/（m^2·a）～2450kWh/（m^2·a）之间；大于 1050kWh/（m^2·a）的地区占国土面积的 96% 以上，直接辐照量超过 1750kWh/m^2 的极丰富地区占国土面积的 17.4%。中国陆地表面每年接受的太阳能辐射相当于 1.7×10^{12}t 标准煤。

光热发电技术利用的太阳能直接辐射资源。全国直接辐射资源的分布基本特征是，根据地势的高低起伏，呈现出西高东低的阶梯状分布特点，也反映出主要山脉的走向。直接辐射量最强的主要区域位于青藏高原上，最大直接辐射量超过了 1900kWh/（m^2·a），并由此向东北方向延伸到河西走廊、内蒙古一带，向东扩展到横断山脉。这些地区或者由于海拔较高，或者由于气候干燥，使得全年直接辐射较强。我国内蒙古自治区西部、甘肃省、青海省和新疆维吾尔自治区等四个省区太阳能直接辐射资源丰富，绝大部分土地为戈壁、荒漠，具备大规模建设光热发电的光照资源条件。

4.3.1 内蒙古自治区

内蒙古自治区位于我国的北部边疆，由东北向西南斜伸，呈狭长形。内蒙古海拔较高，地处中纬度内陆地区，以温带大陆性气候为主，全年降水较少，多晴朗天气，云量低，日照时间较长，日照时数在 2600 小时～3400 小时之间。太阳能辐射较强，全区年辐射总量 1342kWh/

（m^2·a）~1948kWh/（m^2·a）之间，仅次于青藏高原，居全国第 2 位。全区太阳能资源的分布自东向西南增多，以巴彦淖尔市西部及阿拉善盟最好。一年之中，4 月 ~ 9 月辐射总量与日照率都在全年的 50% 以上，特别是 4 月 ~ 6 月，东南季风尚未推进到内蒙古境内，阴云天气少，日照充足。

通过对内蒙古自治区各区域太阳能资源、水资源、气候环境条件、辅助燃料资源、接入电网等情况进行普查，除呼伦贝尔市、乌海市及兴安盟外，其他盟市内的部分区域光热建设条件良好，太阳能资源均为很丰富区域。其中阿拉善盟、巴彦淖尔市磴口县、乌拉特中旗，鄂尔多斯市杭锦旗、乌兰察布市察右前旗、四子王旗及包头的达茂旗均具备太阳能光热发电项目建设条件，且条件良好，可作为重点开发区域优先开发建设。

4.3.2 甘肃省

甘肃省具有丰富的太阳能资源，太阳能直接辐射量在 400kWh/（m^2·a）~2200kWh/（m^2·a）之间，太阳能总辐射量在 1300kWh/（m^2·a）~1800kWh/（m^2·a）之间，其地理分布有自西北向东南递减的规律。河西走廊大部分地区太阳总辐射大于 1600kWh/（m^2·a），降水量少，空气干燥，晴天多，非常有利于太阳能的利用。甘肃省各地年日照时数在 1700 小时 ~3320 小时之间，自西北向东南逐渐减少；各地年日照百分率在 37%~75% 之间，自西北向东南逐渐减少。

通过对甘肃省各区域太阳能资源、水资源、气候环境条件、辅助燃料资源量、接入电网等情况进行普查，用于太阳能热发电的太阳法向直接辐射资源条件较好的区域主要位于甘肃的西北部，特别是酒泉和张掖地区。其中肃北县、金塔县、阿克塞县、玉门市均具备太阳能光热发电项目建设条件且条件良好，可作为重点开发区域优先进行开发建设。

4.3.3 青海省

青海位于我国西部，世界屋脊青藏高原的东北部，蕴藏着极为丰富的太阳能资源，是著名的阳光地带。由于地势较高，空气稀薄，空气中含有的尘埃量较小，晴天较多，日照时间较长，大气对太阳辐射的削弱作用小，到达地面太阳辐射能量多，因此成为了太阳能资源丰富区。

青海省年法向直接辐射从西北到东南成带状递减，其中位于西北部的海西蒙古族藏族自治州年法向直接辐射量最大，青海东南部的果洛藏族自治州东南部、黄南藏族自治州东南部及海东地区东部年法向直接辐射较小。

通过对青海省各区域太阳能资源、水资源、气候环境条件、辅助燃料资源、接入电网等情况进行普查，用于太阳能热发电的太阳法向直接辐射资源条件较好的区域主要位于青海省的北部和西部，特别是海西州。海西州光热项目可利用土地主要集中在德令哈县、格尔木县、都兰、乌兰及大柴旦地区，可作为重点开发区域优先进行开发建设。

4.3.4 新疆维吾尔自治区

新疆太阳能资源直接辐射较丰富的地区为哈密市。哈密市位于新疆东部，属温带大陆性干旱气候，光照资源丰富，为全国光照资源优越地区之一，日照充足，全年日照时数为 3200 小时～3500 小时，为全国日照时数最多的地区之一。

通过对全区各区域太阳能资源，水资源、气候环境条件、辅助燃料资源量情况、接入电网情况等进行普查，用于太阳能热发电的太阳法向直接辐射资源条件较好的区域主要位于新疆的东部和北部，特别是哈密和吐鲁番地区，可利用土地主要集中在伊吾、哈密和木垒。

4.3.5 西藏自治区

西藏自治区太阳能法向直射辐射分布整体趋势为由西向东呈现递减趋势，由北向南呈现递增趋势。其中高值区主要集中在阿里地区南部、日喀则地区大部、山南地区西部、拉萨地区大部以及那曲地区南部，年法向直接辐射达到 1900kWh/（m^2·a）以上，可开发面积约占 $23.7\times10^4km^2$；阿里地区东南部、日喀则地区聂拉木县周边地区和那曲地区中南部次之，年法向直接辐射在 1700kWh/（m^2·a）～1900kWh/（m^2·a）之间。

通过对西藏自治区各区域太阳能资源，水资源、气候环境条件、辅助燃料资源、接入电网等情况进行普查，用于太阳能热发电的太阳法向直接辐射资源条件较好的区域主要位于西藏的阿里地区、日喀则地区、拉萨地区、山南地区和那曲地区。

4.4 光热发电产业发展

首批示范项目的实施对国内光热发电产业链发展的促进作用显著，示范项目的国产化率普遍超过 90%。我国目前已经建立了具有自主知识产权的光热发电行业全产业链，具备了支撑光热发电大规模发展的产品供应能力，培育了多家系统集成供应商，国内设计、施工、调试和运维能力在示范项目实施中得到了验证，培养了一支有竞争力的光热发电行业人才队伍。我国光热发电产业已成为国际光热发电产业链中的重要一环，通过参与国际市场竞争，有力推动了国际光热发电成本的下降，为“一带一路”倡议的实施提供了强有力的支持。

4.4.1 光热发电产业茁壮成长

根据国家太阳能光热产业技术创新战略联盟不完全统计，2016 年底我国光热发电相关设备厂家、工程建设单位、设计科研机构、大学等总数约 228 家，其中，聚光器和各种换热器的企业总数约 100 家；2022 年底，我国太阳能热发电产业相关企事业单位数量达到 600 家左右，其中，太阳能热发电行业聚光集热领域从业企业数量达到 170 家；吸热和储换热系统相关从业企业数量 150 家。随着光热发电一体化项目的推广应用，华电集团、国家电投、国家能源集团、大唐集团、三峡集团、中广核集团等央企进入光热发电项目开发建设，进一步带动光热发电的规模化发展。

4.4.2 光热发电关键设备产能大幅提升

我国光热发电关键产品部件的产能或供应商数量有很大程度的增加。根据国家太阳能光热产业技术创新战略联盟不完全统计，我国反射镜生产线和产能均有所增加，产品范围扩大到了覆盖太阳能热发电和中低温热利用等领域，太阳能超白玻璃原片产能约 9200 万平方米 / 年；槽式反射镜产能 2350 万平方米 / 年，可支撑槽式光热发电（暂按 80 万采光面积每 10 万千瓦装机）装机约 260 万千瓦 / 年；平面镜产能 3360 万平方米 / 年，可支撑塔式光热发电（暂按 80 万采光面积每 10 万千瓦装机）装机约 420 万千瓦 / 年。国内真空吸热管达到 100 万支 / 年，导热油产能 4 万吨 / 年（联苯），可支撑槽式光热发电（暂按 80 万采光面积每 10 万千瓦装机）装机超过 160 万千瓦 /

年。基于国内火电和化工行业优势，国内储换热系统和汽轮发电系统设备开发和制造能力成熟，可有力支撑光热发电项目的开发建设。此外，首批示范项目建设让传统的硝酸钾和硝酸钠生产商从传统的工业和农业领域扩展至光热发电行业，通过技术升级扩充产品线，目前熔盐级硝酸钾产能约 73 万吨 / 年，硝酸钠产能约 35 万吨 / 年，可支撑光热发电（储热 8h）装机约 290 万千瓦 / 年。

4.4.3 光热发电行业国产化率不断提高

首批光热发电示范项目国产化率普遍达到 90% 以上，国产化产品在首批示范项目中大规模应用。

国内聚光器、定日镜、集热管、反射镜驱动装置等装备水平在国内示范项目得到了成功验证，关键参数指标和可靠性与国际先进水平相当。国内已投运的光热发电示范项目国内反射镜供货占比超过 90%，国内吸热管和导热油供货占比超过 70%。

吸热器、换热器、汽轮发电机组及附属系统设备与火电行业类似，在光热发电示范项目中应用情况良好，并带动了传统火电行业装备企业的转型发展。

结合光热发电国产化装备在国内的应用情况，基本实现了全面国产化。旋转接头、熔盐吸热器、高温熔盐泵、熔盐阀门、熔盐储罐等均实现了国产化研发及示范项目应用，解决了“卡脖子”问题，但还需进行长期的工程验证，进一步提高研发水平和供货能力。

4.4.4 光热发电已形成一支成熟的建设队伍

通过国内首批光热发电示范项目建设以及中国企业参与国际光热发电项目，我国已经培养了一批光热设计、施工、调试、运维的管理团队和专业人才，实战经验丰富，能够支撑后续光热发电的规模化发展。

中国能建、中国电建所属设计单位和工程建设公司和上海电气电站集团广泛参与了国内外光热发电项目的建设，深度参与了摩洛哥 NOOR 二期和三期光热发电项目、迪拜 700MW 光热发电项目等具有国际影响力的光热发电项目开发建设，有力支撑了“一带一路”倡议的实施。

目前我国光热发电的运维团队还在不断积累经验，通过长期的运行、摸索和经验总结，尤其是应对西北恶劣工况，针对各种气象和辐照条件的事故预判方法以及事故工况的处理方法等，可进一步提高光热发电项目发电量表现。

4.4.5 光热发电已进入规模化发展的新阶段

2020 年，《关于促进非水可再生能源发电健康发展的若干意见》（财建［2020］4 号）印发，明确新能源补贴退坡机制，新增光热发电不再纳入中央财政补贴。光热发电上网电价仍然处于较高水平，中央财政补贴取消，给光热发电发展前景带来不利影响。“十四五”以来，我国风电光伏发电进入平价上网的新阶段，国家能源局出台相关政策，市场化新能源项目可通过自建、合建共享或购买服务等市场化方式落实并网条件。并网条件主要包括配套新增的抽水蓄能、储热型光热发电、火电调峰、新型储能、可调节负荷等灵活调节能力。随着风电光伏平价上网和市场化并网配置调节资源的需要，甘肃、吉林、青海、新疆、西藏陆续推动了一批“光热 +”一体化项目的实施，通过一定规模的风电光伏来弥补光热发电财务成本，发挥光热发电的调节作用，实现了“光热 +”一体化项目整体平价上网。

此外，我国在沙漠、戈壁和荒漠地区启动了一批大型风电光伏基地的建设，部分大型风电光伏基地项目配置了一定规模的光热发电装机。**根据不完全统计，截止到 2023 年底，各省推动的“光热 +”一体化项目和沙戈荒基地中的光热发电项目 30 余个，总装机超过 450 万千瓦，区域分布和技术路线占比如图 4.4-1 所示。**

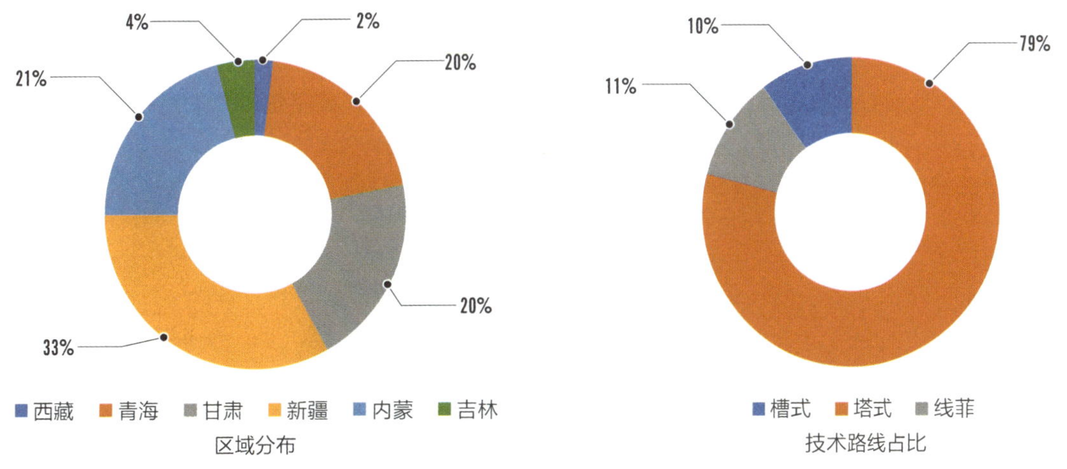

图 4.4-1 已取得开发指标及在建光热发电项目

2023 年 3 月，国家能源局印发《关于光热发电规模化发展有关事项的通知》，指出光热发电规模化发展具有重要意义，内蒙古、甘肃、青海、新疆等光热发电重点省份能源主管部门要积极推进光热发电项目规划建设，并结合沙漠、戈壁、荒漠地区新能源基地建设，尽快落地一批光热发电项目，力争“十四五”期间，全国光热发电每年新增开工规模达到 300 万千瓦左右。

4.5 经济性

我国首批光热发电示范项目执行标杆上网电价 1.15 元 /kWh，从光热发电系统优化和项目本身经济性最优的角度，一般呈现镜场面积大、储热时间长的特点，设计年利用小时数普遍超过 3000h。在“光热 +”一体化项目中，光热主要承担调峰角色，而非发电电量的主力，结合平价上网和项目收益率的要求，一般光热发电项目的镜场相对小，储热时长 6 小时 ~ 10 小时为主，光热发电采用光伏、风电大发时段低负荷发电或不发电，早晚高峰发电的运行模式，设计年利用小时数一般在 1400h ~ 2200h。

光热电站按照功能系统划分，主要包括聚光集热系统、储换热系统、汽轮发电机组及附属系统，以及其他设施。以某 100MW 塔式光热发电项目为例，镜场采光面积 80 万平方米、储热时长 8 小时的塔式光热发电项目（利用小时数约 2000h）各系统造价占比如图 4.5-1 所示。其中聚光集热系统约占总投资的 41%；储热系统造价占总投资的 20%；蒸汽发生系统占总投资的 3% ~ 4%，汽轮发电机组及附属系统造价占总投资的 23%。

按当前设备造价并考虑一定下降趋势，对 100MW 塔式光热电站储热时长 8 小时，发电利用小时约 2200 小时进行匡算，项目静态投资约 17.0

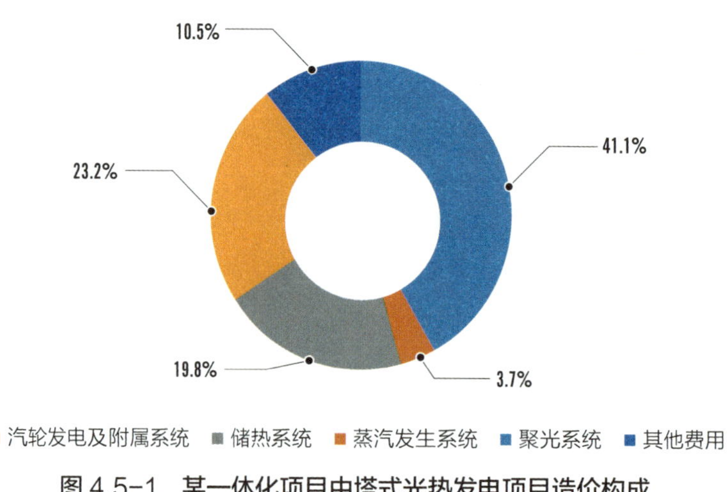

图 4.5-1　某一体化项目中塔式光热发电项目造价构成

亿元，单位千瓦投资 17000 元 /kW，测算度电成本约 1.00 元 /kWh。

目前聚光集热部系统单位电量投资约 3.5 元 /kWh～4.0 元 /kWh，通过集成成本降低，再加上规模化、国产化进程加快，预测 2030 年光热电站聚光集热部分单位电量投资下降 20%，降低至 2.8 元 /kWh～3.2 元 /kWh。

目前储热系统单位储热容量投资约 320 元 /kWh，随着火电和清洁供热行业储热需求增大，熔盐规模化生产，预测 2030 年单位储热容量投资降低至 200 元 /kWh。

目前汽轮发电系统及附属系统部分单位千瓦投资约 4500 元 /kW，主要原因是单机容量小，为提高效率，汽轮机需要专门设计，随着机组装机增大，合理控制空冷岛面积等措施，预测 2030 年 100MW 机组单位千瓦投资降低至 4000 元 /kW，200MW 机组单位千瓦投资降低至 3000 元 /kW。

综合以上分析，**对于单机 100MW 光热电站（储热 8 小时、年利用小时数 2200 小时左右），预测 2030 年单位投资降低至 12000 元 /kW 左右，初步估算度电成本约 0.65 元 /kWh；若机组容量增大至 200MW，发电机部分投资降低带来电站整体单位投资进一步降低，可降低至约 0.6 元 /kW 左右。**

但整体来看，光热发电的发电成本未来一段时间内仍然难以实现平价上网，和抽水蓄能、压缩空气储能等大容量储能电站类似，仍需电价疏导政策的支持。作为容量电源，需考虑通过合理的电价途径进行疏导。初步来看，随着电力市场机制逐步完善，光热发电可参照抽水蓄能电站、煤电容量电价机制，未来现货市场建立后可借助市场实现低碳、调节灵活、出力可靠的价值，形成灵活的电价传导机制。在上述电价和市场机制尚未完全建成前，光热与风电光伏多能互补、一体化开发仍然是最具可操作性的商业模式。

参考文献

[1] 杜凤丽等 . 中国太阳能热发电行业蓝皮书 [R]. 国家太阳能光热产业技术创新战略联盟 . 2022.

[2] 苑晔、张劲骅等 . 大唐石城子 100 万千瓦“光热 + 光伏”一体化清洁能源示范项目 [R]. 西北电力设计院有限公司 . 2022.

5 太阳能热利用

CHAPTER

引　言

在全球终端能源消费量中，供热能源消费量约占 50% 左右，是非常重要的终端能源需求。我国终端能源消费中有较大比例也是供热能耗，随着“双碳”战略目标的提出，供热领域降低碳排放成为实现“双碳”目标的重要方向。

太阳能热利用属于零碳供能技术，技术成熟度高，在民用热水、建筑采暖、工业热水和热力等领域已经开始规模化应用，尤其在民用热水方面，太阳能热利用已经实现了市场化、规模化发展，具有较强的市场竞争性。从技术角度，太阳能热利用技术在民用热水和供暖需求上可发挥重大作用，可以替代电、气等消耗，发挥太阳能低碳优势，为实现“双碳”战略目标贡献更大力量。

5.1 技术原理及特点

太阳能热利用技术是通过太阳能集热器等专门设备或装置吸收太阳辐射能量，并将其转换为热能，用于加热水、空气或其他介质，向用户提供热力的技术。通常分为太阳能热水、太阳能供暖、太阳能工业热利用和太阳能空调。

太阳能热水技术是利用太阳能集热器吸收太阳辐射能量，直接加热集热器中的水，或者加热流经太阳能集热器的导热介质，再直接或间接加热储热水箱中的水，达到供热水的目的。采用平板或真空管集热器的太阳能热水系统的热水温度多为中低温（<100℃），多用于民用热水、工业热水和建筑供暖。太阳能热水系统特点是：系统相对简单，投资成本低，经济性好。

太阳能工业热利用技术是指应用太阳能集热器、循环系统、储热系统和控制系统等集成技术及设备为工农业生产过程提供热能的技术。太阳能工业热利用多数项目是与常规化石能源系统相结合，太阳能系统提供预热，再由常规能源将热水或空气加热到工艺所需要温度。工作原理是通过集热部件获得太阳能热量，然后通过循环系统、储热系统和控制系统将热量收集储存，满足工农业生产过程的直接用热或预热。太阳能工业热利用技术按照集热部件类型分，包括全玻璃型真空管型、平板型、玻璃金属型真空管和聚光型集热部件等技术类型。太阳能工业应用的技术特点是系统运行温度较高，规模较大，能满足工农业过程的用热需求，需要针对工农业过程的工艺特点，因地制宜进行设计。

太阳能供暖技术是主要利用太阳能集热部件收集热量，用于建筑供暖的用能需求。目前主要是通过加热水，利用水循环系统实现供热目的。太阳能供暖系统按所使用的集热器类型可分为空气集热器太阳能采暖系统和液体工质集热器太阳能采暖系统；按蓄热能力可分为短期蓄热太阳能采暖系统和季节蓄热太阳能采暖系统。太阳能采暖与常规能源采暖相比，特点是：运行费用低、节能效果好，可最大程度减少常规能源消耗。

太阳能空调技术是指将太阳辐射热能转变成制冷能力输出的技术。工作原理是利用太阳能集热器产生的热能驱动制冷装置产生冷冻水或调节空气送往建筑环境内进行空调。太阳能空调系统主要包括两大部分：太阳能集热系统和制冷机组。根据制冷方式的不同主要分为太阳能吸收式空调系统、太阳能吸附式空调系统以及太阳能热驱动的除湿空调系统等。太阳能空调的技术特点是跟太阳能辐射的季节匹配性好，天气越热、太阳辐射越好，系统制冷能力越强。

5.2 技术动态和趋势

5.2.1 全球太阳能热利用技术发展态势

太阳能热利用产品技术区域差异较大。太阳能热利用集热产品技术主要包括真空管、平板和无盖板及空气集热技术。根据国际可再生能源署统计数据，2021 年太阳能热利用产品的累积安装量中，真空管集热器的市场份额仍然最高，占比 68.6%，其次是平板集热器 25.2%、无盖板集热器 6%，空气集热器的应用量非常小，仅有 0.2% 的市场份额。

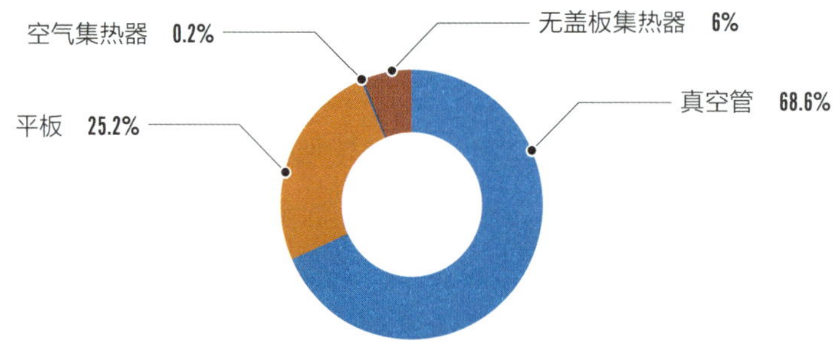

图 5.2-1　全球太阳能热利用累计安装量中产品类型分布

数据来源：IEA“Solar Heat Worldwide”2023

从全球范围看，集热器产品有明显的地区分布特点，中国市场 88% 产品是真空管集热器，欧洲市场 80% 的产品是平板集热器，美国和澳大利亚的产品以平板无盖板集热器为主。应用产品的类型与当地需求有很大关系，在中国和非洲等发展中国家，太阳能集热器主要用于生活热水的加热，而真空管集热器由于保温效果好，价格相对较低，因此在发展中国家发展较好；在欧洲发达国家，太阳能热利用主要是与其他能源结合成复合承压系统，为建筑提供热水和供暖，而平板集热器由于具有较好的承压特性，因此在欧洲发展较好；美国和澳大利亚地区的太阳能热利用主要用于游泳池的加热，需要的温度较低，因此成本更低的无盖板集热器发展较快。

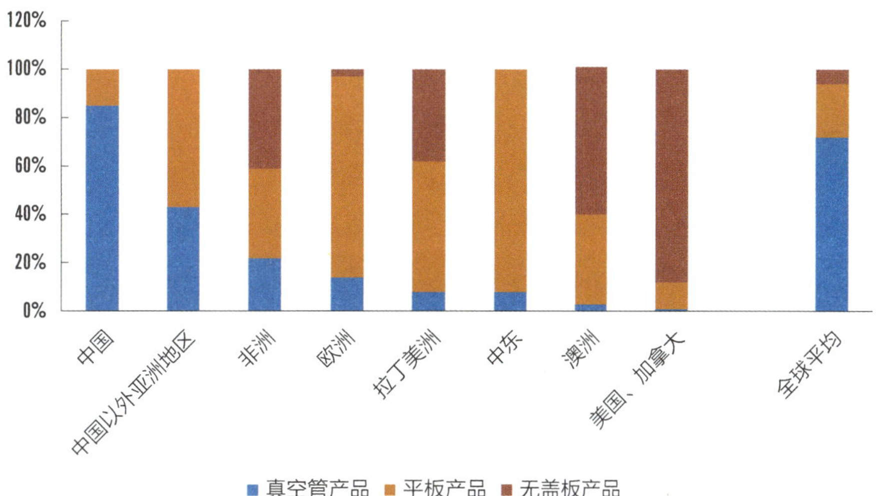

图 5.2-2　2021 年全球太阳能热利用累计安装量中产品结构分布

数据来源：IEA "Solar Heat Worldwide"，2023

太阳能热利用应用技术拓展加速。近几年，太阳能热利用的主要应用从生活热水加热逐渐拓展到建筑供暖、制冷和工农业供热的应用，太阳能热利用的应用技术也加速转化。目前在全球的大部分地区，太阳能供暖、制冷和工业热利用的成本相对较高，与化石能源的竞争优势不明显，尚未进入快速发展阶段，随着技术发展和成本的降低，未来具有大规模替代化石能源的潜力，代表了太阳能热利用技术的发展方向。

户用太阳能热水系统当前仍是市场主流应用形式，但是市场持续萎缩，而集中式太阳能热利用系统在越来越多国家得到应用，市场发展较快。户用太阳能热水系统主要应用在中国、泰国、印度等亚洲以及南非、埃及、肯尼亚、摩洛哥等非洲的发展中国家，为提高这些地区的人民生活品质发挥了重要作用。美国、加拿大等美洲国家太阳能低温利用多应用在游泳池水的加热。在欧洲，太阳能热利用主要与生物质或天然气等其他能源系统结合，组成复合系统，在满足用户热水需求的同时，可以提供 15%～30% 的供暖需求。

大型太阳能热利用区域供热技术成为发展热点。近几年大型太阳能热利用区域供热工程（集热面积超过 500 平方米）得到推广和应用，受到越来越多国家关注。目前，全球总共有近 300 个大型区域供热工程，其中 90% 工程分布在欧洲，丹麦大型太阳能区域供热项目最多，约占欧洲总数的 76%，另外德国、波兰、法国等欧洲国家也在大力发展太阳能区域供热技术，为公共建筑、区域内民用建筑提供供暖和热水需求。大型太阳能热利用区域技术近几年在亚洲等地发展也较快，中国、印度等地都建成了规模较大的太阳能区域供热系统。

太阳能工业热利用技术得到持续发展。工业热利用的终端需求对热力品质要求较高，因此中高温集热器和聚焦式集热器近几年得到发展，主要用于工业蒸汽的供应。如阿曼的石油生产商 Occidental 安装应用了容量为 $2GW_{th}$ 的槽式太阳能集热系统，为油田提供高温蒸汽。全球太阳能工业热利用系统主要分布在阿曼、意大利、中国、印度等地。这些系统主要应用到工业领域，为食品、纺织等行业提供工业蒸汽或者提供预热。

太阳能制冷技术发展缓慢。近几年太阳能制冷应用技术上仍面临着较大挑战，同时由于太阳能光伏和其他可再生能源电力成本的快速下降，太阳能热驱动制冷与气动热泵或电动压缩制冷相比不具有成本优势，因此太阳能热利用制冷技术面临的成本竞争压力较大。从技术发展看，太阳能热利用制冷呈现两种发展趋势：一是大型集热系统与大功率吸收式制冷机结合组成大型的太阳能热驱动制冷系统，其制冷效率较高；二是发展小型制冷机系统（低于 5 千瓦的制冷机），如丹麦的 Purix、意大利的 Solarinvent 等公司都在研发推出低于 5 千瓦易于安装的小型制冷系统。在应用方面，一些太阳能制冷系统供应商在世界各地积极推广太阳能制冷系统。意大利由于对太阳能制冷有补贴政策，因此推动完成了十多个太阳能制冷工程，应用在办公楼和住宅楼；新加坡在商业建筑上安装完成了最大的太阳能热制冷系统（880kW）；另外在印度、奥地利，德国，荷兰，沙特阿拉伯和西班牙等多个国家都正在建设太阳能制冷示范工程。

5.2.2 我国太阳能热利用技术发展态势

我国太阳能热利用行业从技术研发、产品、工艺、装备和制造等方面形成了较为完善的自主知识产权体系，以真空管型产品为代表，实现了产品、技术、装备多重出口，是具有核心竞争力的民族产业。

我国真空管集热技术处于领先地位。太阳能热利用的核心技术是太阳能集热技术，我国太阳能热利用技术以“立式单靶磁控溅射铝 - 氮 / 铝选择性吸收涂层全玻璃 3.3 真空管”为代表的真空管集热技术及装备居世界领先水平，主要用于真空管型集热器，应用于户用太阳能热水器和真空管集热系统；平板型集热技术主要是引进吸收“磁控溅射平板太阳能选择性吸收真空镀膜技术”，目前在热性能方面达到国际先进水平，在耐候性方面，已跃居世界前列。主要用于大型太阳能集热系统。

太阳能供热水仍是主流技术。太阳能供热水在我国技术成熟，已经实现了产业化和市场化发展，性价比高，应用广泛，适合我国大部分地区应用。目前太阳能热水器在大部分地区实现了普及，尤其在农村地区，太阳能热水器因其方便性、成本低等优势，解决了农村地区生活热水的供应问题。

我国太阳能民用生活热水的供应虽然技术成熟，但是技术门槛较低，产品同质化严重。太阳能供热水的舒适性和可靠性还需要提高。太阳能供热水未来技术重点是发展适应不同气候特点的全天候产品，提高太阳能热水系统的自动化程度，增强热水使用的舒适性，提升太阳能集热器与建筑结合的技术水平，加强产品的质量监控，完善产品的市场服务体系。

太阳能供暖技术发展加速。太阳能采暖是主要利用太阳能替代常规能源用于建筑冷暖负荷的用能需求。我国目前太阳能供热采暖系统处于试点、推广阶段，已经在我国的一些新农村建设和城镇的新建建筑上得到应用，在建筑节能中发挥出越来越多的作用。尤其在北方地区清洁供暖相关规划和政策支持下，太阳能供暖系统得到了一定的发展。

太阳能供热、采暖系统技术成熟，但初投资较高，在没有国家政策支持的前提下，投资回报期较长，在有集中供暖的区域竞争性较弱。而在非集中供暖区域，如夏热冬冷地区的城市和村镇，北方地区的郊区和农村地区，有很大的市场需求和发展潜力。太阳能供暖在我国采暖期较短、热负荷要求不高的区域，相对于集中供暖有优势，是未来市场发展潜力最大的区域。

太阳能供热采暖系统从技术发展看，需要解决太阳能集热量与供暖季节不匹配，非供暖季热量过剩问题，这需要发展先进蓄热技术及全年太阳能综合利用系统如太阳能热水、供暖和空调三联供系统、跨季节蓄热技术等。

太阳能工业热利用技术逐渐得到重视。工业热力用户对热力的品质要求较高，因此太阳能工业供热系统多数与常规能源系统结合。目前太阳能工业热利用主要应用在印染、食品加工、工业干燥、陶瓷等行业。

我国工业工艺用热温度要求大都在 80℃和 200℃之间，多数集中在 100℃左右，压力在 9 个大气压以下。我国普通太阳能集热器的全年平均集热温度都是低于 80℃，且普通太阳能热利用系统的控制部件和蓄热部件都是为适合低温、低压热水需求而设计的，因此目前太阳能热利用系统从材料、集热器性能、工艺水平、系统设计集成水平等方面很难满足太阳能工业供热的要求。

太阳能工业供热技术未来发展重点是高性能太阳能集热技术和可靠的产

品及系统，提高太阳能集热器的输出温度和光热转换效率，提升太阳能的采光效率，减少热损，提高太阳能集热系统的承压能力，提升太阳能系统与辅助能源系统的集成能力，开发高效的热能储存系统，尤其是亟须提升太阳能集热系统与常规能源系统集成的控制系统设计水平和制造水平。

太阳能空调技术处于示范推广阶段。太阳能空调技术在我国起步并不晚，市场推广速度相对欧洲慢一些。目前我国已建成太阳能空调示范应用工程约 20 个，主要是太阳能吸收式空调和吸附式空调技术，除湿式空调技术现在在国内也已经有示范工程。

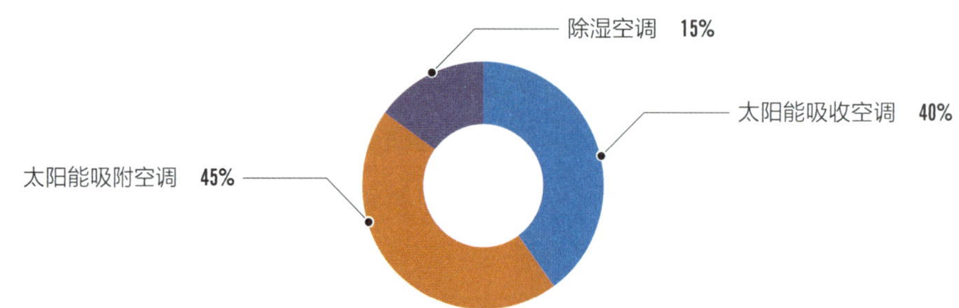

图 5.2-3　我国太阳能空调示范工程技术类型分布

太阳能空调因技术路线不同，太阳能在整个空调综合系统中的潜在能源贡献率也不同，大约在 30%～60% 之间。太阳能空调工程都是复合系统，即整个系统不单单是制冷，还具有供暖和供应热水的功能。因此在建筑采暖和制冷的能源消耗中可以起到较好的节能、减排效益。

太阳能空调技术的工程应用主要面临投资较高，经济性不佳的问题。且在技术方面，太阳能中高温集热器技术，小功率制冷机设备技术及不同设备之间结合的系统集成技术还没有质的突破。未来太阳能空调技术的重点发展方向是中高温集热器以及小型制冷机的研发和生产，降低系统的投资成本，提升太阳能热水、供暖和制冷三联供系统的集成能力。

我国大型太阳能区域供暖技术取得进展。大型太阳能区域供暖技术主要是采用大规模集热系统结合季节储热系统，实现为一个区域供暖的功能。随着太阳能热利用技术逐渐向供暖方向拓展，大型太阳能区域供暖技术逐渐受到重视并得到了较大进展。“十四五”初期，我国首个大型区域供暖系统建成投入使用。该工程位于西藏山南地区浪卡子县县城，太阳能热利用总集热面积达到 2.23 万平方米，供暖面积为 8.26 万平方米，为整个县城 62% 的住户居民供暖，采暖期共 251 天。工程采用平板集热器配以 1.5 万吨储热系统，太阳能保证率达到 90% 以上，系统供回水温度为 65℃/35℃，末端采用暖气片供热方式。在此工程带动下，西藏地区又陆续建成了集热器面积超过 3 万平方米的仲巴县大型太阳能集中供暖工程、尼玛县采暖项目等大型太阳能热利用项目。目前我国已经陆续建成十多个大型太阳能区域供暖系统（集热面积超过 500 平方米），太阳能热利用区域供暖技术取得突破。

5.3 资源情况

我国属太阳能资源丰富的国家之一，全国总面积 2/3 以上地区年日照时数大于 2000 小时，年辐射量在 5000MJ/m^2 以上。我国太阳能辐射资源地区性差异较大，总体上比较丰富，非常适合太阳能热利用应用开发。

太阳能辐射资源历年变化幅度较少，2022 年，全国太阳能资源比往年较高，年平均水平面总辐照量约 1563.4kWh/m^2，为近 30 年（1992 年 ~ 2021 年）最高，较近 30 年平均值偏大 45.3kWh/m^2，同比偏高 70kWh/m^2。

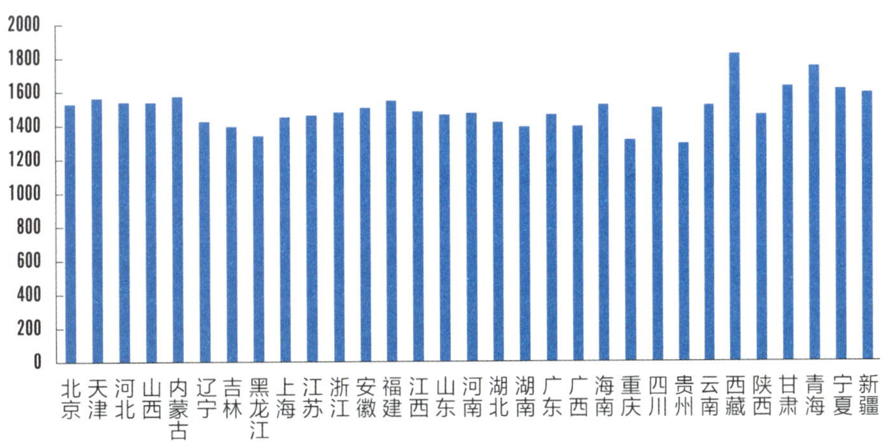

图 5.3-1 各地 2022 年水平面总辐射量平均值（kWh/m^2）

从太阳能热利用安装资源看，根据《中国统计年鉴 2022》的数据，截止到 2021 年底，我国总建筑面积为 581.15 亿平方米，建筑用地面积约 153.1 亿平方米。按照国家住宅与居住环境工程技术研究中心不同建筑类型太阳能可安装部位及安装面积估算方法。全国建筑平均容积率取值为 2 进行估算，则全国可利用安装太阳能的屋顶安装面积约 92 亿平方米，南向可利用安装太阳能安装面积约 34 亿平方米。这些安装面积可安装太阳能热利用集热面积 80 亿平方米左右，按照我国一般地区太阳能辐射资源和太阳能集热器效率估算，每年可接收太阳能热量达到 100 亿 MWh。

表 5.3-1　我国建筑太阳能可利用面积估算

类别	太阳能可利用面积（亿平方米）
建筑屋面面积	92
建筑南向墙面面积	34
总计	126

5.4 产业发展现状及前景

5.4.1 产业发展现状

应用规模不断增长，但新增市场持续下滑。太阳能热利用技术成熟、应用广泛，主要用于生活及工业热水、取暖及制冷等的热能供应。我国的太阳能热水器已经实现了市场化运营，截至 2022 年底，我国太阳能热利用累计热装机容量 334.5GW_{th}（集热器面积 4.78 亿平米），是全球太阳能热利用应用规模最大的国家。

虽然我国太阳能热利用装机规模全球最大，但是新增市场规模连续下滑，2022 年新增量为 16.6GW_{th}（集热面积 2372 万平米），同比下滑 12.3%，整个市场呈现增长乏力的局面。

太阳能热利用应用新领域不断拓展，但规模仍然较小。我国太阳能热利用行业随着技术的不断发展，应用领域正从过去单一的家用太阳能生活热水扩大到与建筑结合的供热采暖、制冷空调以及工农业利用等多个领域。在国家和各级政府的重视和推动下，近年来我国相继建成了一些短期蓄热和季节蓄热的太阳能供热采暖示范工程，印染纺织等领域太阳能热水工程的应用进入示范推广阶段，木材、粮食、烟草、果蔬、建材等物料干燥领域和农业

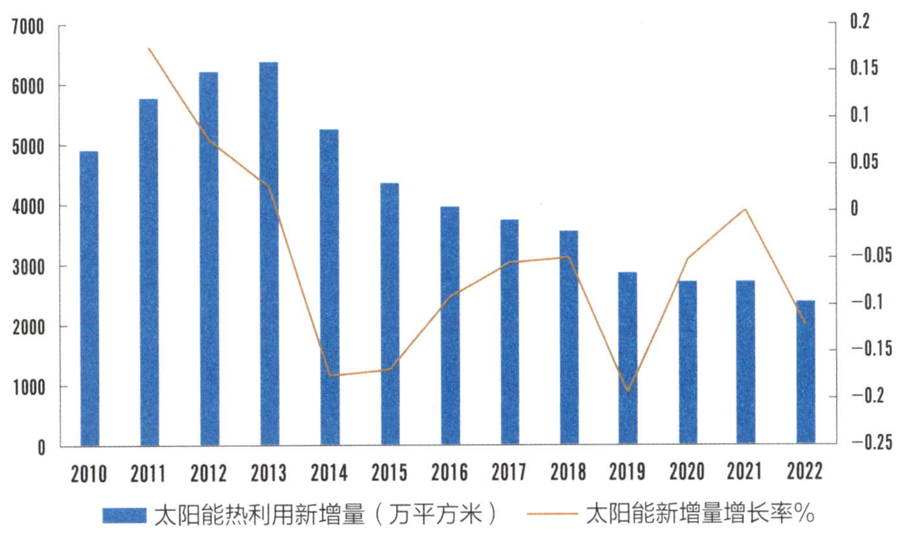

图 5.4-1 **中国太阳能热利用年新增市场发展情况**

育种、温室大棚、海水淡化、热发电等工农业领域示范工程数量也快速增加。但受应用技术、成本等方面的制约，市场应用规模还较小。

热利用产业仍以真空管技术为主，平板技术近几年增长较快。我国太阳能热利用产业仍然以真空管型产品为主，约占全国市场的 90% 以上，真空管产业在全球具有较强的市场竞争力。“十三五”后期平板技术在我国开始快速发展。近几年我国已经有越来越多的企业开始生产平板集热器，并已经能够规模化生产大型平板集热器，应用到大型工程当中。

产业结构调整持续，产业集中度进一步提升。我国太阳能热利用产业开始发展时，由于准入门槛低，小企业数量多，大型企业少，手工、半自动制造的企业多，装备和技术水平差异大，这几年由于激烈的市场竞争，一些低质低效的小企业逐渐退出市场，大企业的市场份额逐步提高，整个产业的集中度进一步提高。目前已经形成了山东、北京、江苏、浙江、广东、云南六大产业集群。截至 2022 年底，全行业开工企业数量由原先的三千家左右减少到一千家左右，一些缺乏创新、小规模低水平的企业逐渐被淘汰出市场。

户用市场逐渐萎缩，工程应用占据主流。我国的太阳能热利用市场“十二五”期间在家电下乡、强制安装等政策影响下，户用系统市场一直增长较快。但“十三五”以后，随着政策调整和市场发展，热利用开始转向工程应用市场。市场结构转向以工程市场为主，零售市场为辅的格局，工程应用市场份额超过三分之二。

产业仍需顶层引导，国家和地方政策共同支持。我国国家层面没有针对太阳能热利用的激励政策。只在一些国家层面的电器产品政策中有所惠及，如国家层面实施的“家电下乡活动”“节能惠民工程”“可再生能源建筑应用示范城市”等。地方层面，我国多个地方政府以“强制安装”方式推广太阳能热利用应用，通过行政手段，强制要求新建建筑必须安装太阳能热水器，营造出一个稳定的太阳能热水器市场，从而带动技术和产业发展，推动太阳能热利用在建筑热能消耗中的能源替代。目前太阳能热利用行业发展进入瓶颈期，尤其在工农业应用和供暖应用领域，由于其初投资大，系统集成技术要求高等特点，市场发展缓慢，亟须国家和地方层面给予更大的支持力度。

产业制造水平尚需提高，产品质量监控有待完善。经过近20年发展，我国太阳能热利用产业已经拥有完整产业链，并形成了山东、北京、江苏、浙江、广东、云南六大产业集群。但整个行业准入门槛低，产业集中度不高，在制造装备、产品质量、管理水平等方面与发达国家尚有差距，生产制造的自动化、智能化水平还有待进一步提高，生产过程中的产品质量监控也需要进一步加强。与其他行业相比，大部分企业装备、生产工艺及管理还比较落后，因此如何提高企业的装备、提高管理水平、改进生产自动化程度，增强企业的核心竞争力是未来几年整个产业面临的挑战。

系统集成技术水平有待提高，技术创新亟须加强。我国太阳能热利用工程的系统设计、系统集成、系统运维等技术水平还需要提升。太阳能与多种能源融合应用在太阳能供暖、制冷及工农业领域，是未来太阳能热利用产业发展的重要方向。

建筑供热、取暖、制冷及工业领域应用太阳能热利用技术，需要对产品与系统进行技术创新，对制造业进行产业升级。技术方面关键是中高温集热器技术和蓄热技术能否有所突破。集热器是太阳能热水系统的关键部件，它的技术水平决定了太阳能热利用的应用范围，目前主要是低温热水的需求（温度低于80℃），而太阳能供暖尤其是区域性供暖、太阳能空调、太阳能海水淡化及工业领域的太阳能热水需求温度大都要求在100℃以上才能得到较好的系统效率，因此发展中高温集热器（80℃～250℃）就成为关键。同时随着集热技术的提高和市场的发展，也会促使与之配套的太阳能供暖空调设备、海水淡化设备及工业用热设备的发展。蓄热技术也是太阳能热利用未来扩大应用范围的重要方面，尤其是在太阳能区域性供热、供暖、综合系统方面有着重要作用。

5.4.2 发展前景

太阳能热利用是节能减排的重要力量。近几年随着气候变化的加剧及国际形势的变化，我国面临的节能减排压力越来越严峻，太阳能热利用产业作为目前可再生能源领域发展比较成熟的行业，可以为我国的节能减排做出重要贡献。太阳能热水器已经在我国实现了规模化生产和市场化运行，其经济性得到了市场的认可，同时更为重要的是，太阳能热水器的能量产出比非常好，经过测试和计算，其生产过程中消耗的能源大体上可以在 1.1 年左右回收，与电热水器、燃气热水器和燃煤锅炉相比，节能减排具有相当大的优势。因此太阳能热利用产业作为节能、经济性好且有一定产业基础的行业，可以为实现“双碳”目标做出更大贡献。

太阳能热利用是惠及民生的重要技术。我国的太阳能热利用技术重点是简单，价廉的低温热利用技术，如太阳能温室、太阳灶、被动太阳房、太阳热水器、太阳干燥器等。这类技术在农村得到推广应用，为缓解农村能源短缺，改善农村生态环境和农民生活起了积极的作用，并收到了实效，在农村能源建设中发挥了重要作用。我国幅员辽阔，人口众多，整个太阳能热利用行业在解决广大城乡地区生活热水需求方面，发挥了重大作用。根据国家统计局数据估算，太阳能热水器已经为我国农村 2 亿多人解决洗浴问题，改善生活条件，提高健康水平发挥了积极作用。 随着国家乡村振兴战略的实施，人民群众生活水平的进一步提高，对高品质生活热水、采暖制冷等的需求已经逐步显现，因此太阳能热利用产业将在农村能源建设中发挥重要作用。

我国是制造和应用大国，迈向强国尚需努力。经过 20 多年的发展，我国的太阳能热利用产业无论是生产量还是市场容量目前都是世界第一位的，为中国节能环保做出了重大贡献。2022 年中国太阳能热利用保有量占全球的比例超过三分之二，成为全球太阳能热利用持续发展的主要力量。但我国热利用产业缺乏持续、深入的科技和产业研发，导致行业在技术创新、产品质量、系统集成技术、应用理念、管理水平等方面与发达国家尚有差距，需要全行业共同努力，实现由制造应用大国向强国的转变。

5.5 经济性

太阳能供热水具有较好的经济性。热水供应是太阳能热利用最为成熟的技术，应用普及率高，已经在我国实现了规模化生产和市场化运行，其经济性得到了市场认可。另外太阳能热水器的能量产出比高，太阳能热利用生产过程中消耗的能源大体上可以在 1.1 年左右回收。太阳能热水器与电、燃气热水器相比，初投资高约 40%~60%，但在运行阶段基本没有运行费用。整个寿命期内太阳能热水器的综合成本具有较好的经济性（图 5.5-1）。

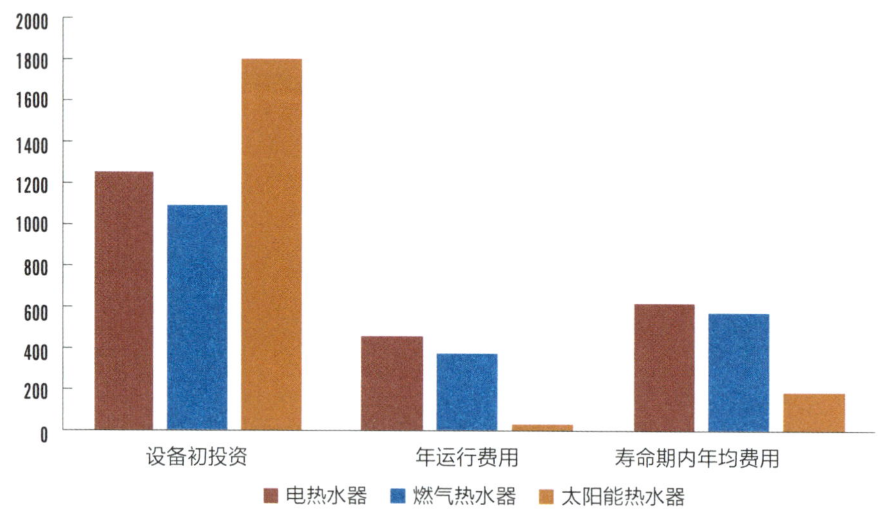

图 5.5-1　太阳能供热水成本对比（单位：元）

太阳能取暖成本较高。太阳能取暖是太阳能热利用未来发展的重要方向，从目前太阳能热利用产品的市场价格来看，太阳能取暖的系统投资成本一般高于太阳能供热水的系统成本，如果配有跨季节储热则系统成本会更高。太阳能取暖供热成本与太阳能辐照强度、太阳能系统效率、太阳能系统使用寿命和初投资水平等因素关系密切。因此不同地区太阳能采暖热源成本也有所不同。目前按照一般的太阳能取暖系统效率和初投资水平，不同太阳能辐射区域太阳能取暖的热源成本如图 5.5-2 所示。

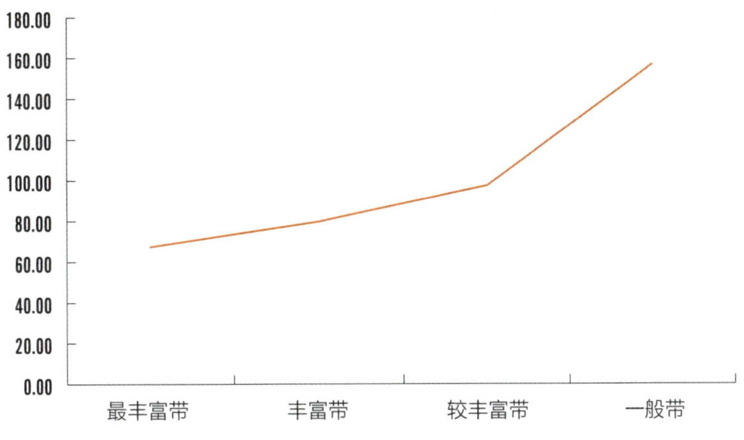

图 5.5–2　太阳能采暖不同区域热源成本（元 /GJ）

参考文献

[1] 中国气象局风能太阳能中心 . 中国风能太阳能资源年景公报（2022 年）. 2023.

[2] 国家发改委能源研究所 . 中国可再生能源产业发展报告 2018. 2018.

[3] 国际可再生能源署 . SOLAR HEAT WORLDWIDE. 2023.

6 水电（抽蓄）

CHAPTER

引　言

抽水蓄能是当前技术最成熟、经济性较优、具备大规模开发条件的电力系统灵活调节电源之一。抽水蓄能电站具备调峰、填谷、储能、调频、调相、事故备用和黑启动等功能，是构建安全高效、清洁低碳、柔性灵活、智慧融合新型电力系统的重要组成部分。加快发展抽水蓄能，是构建以新能源为主体的新型电力系统的迫切要求，也是保障电力系统安全稳定运行的重要手段。

6.1 技术原理及特点

6.1.1 技术原理及特点

抽水蓄能技术是利用水作为储能介质，通过电能与势能相互转化，实现电能的储存和管理。抽水蓄能电站由上水库、下水库、输水系统和厂房等组成，图 6.1-1 为抽水蓄能电站基本组成示意图。抽水蓄能电站利用其兼有水轮机和水泵的功能，以水为载体，在电力负荷低谷时做水泵运行，吸收电力系统多余的电能，将下水库的水抽到上水库储存起来；在电力负荷高峰时做水轮机运行，将水放至下水库，使其重力势能转换成电能。抽水蓄能是技术成熟、经济性较优、具备大规模开发条件的储能方式，效率一般可达 75%~80%，可作为电力系统绿色低碳清洁灵活调节电源。

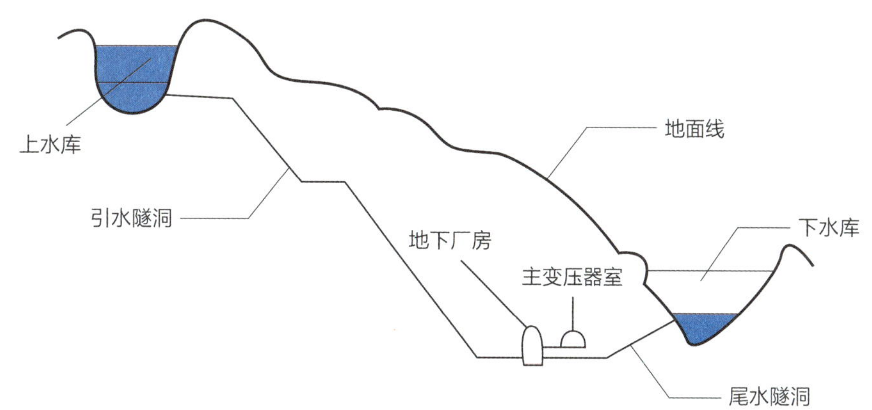

图 6.1-1　抽水蓄能电站示意图

图片来自《抽水蓄能电站设计》

抽水蓄能电站具有调峰、填谷、储能、调频、调相、紧急事故备用和黑启动等功能，以及容量大、工况多、响应速度快、可靠性高、经济性好等技术经济优势。具体来说，抽水蓄能机组在静止工况下，遇系统突发性停机事故，能在 2min~3min 内带满负荷，顶替事故机组运行，即使在抽水工况下，遇紧急事故情况抽水蓄能机组也可自动停止抽水，或由抽水工况直接转换成发电工况，防止事故进一步扩大，是理想的紧急事故备用电源。抽水蓄能电站还具有黑启动功能，可在无外界帮助的情况下迅速自启动，并通过输电线路输送启动功率带动其他类型的发电机组，从而使电力系统在最短时间内恢复供电能力。

6.1.2 电站分类

抽水蓄能电站可按装机容量、开发方式、调节周期和机组类型进行分类。

（1）按装机容量划分，抽水蓄能电站分为大型、中小型抽水蓄能电站。大型抽水蓄能电站是指装机容量 30 万 kW 及以上的抽水蓄能电站，其中装机容量 120 万 kW 及以上的为大（1）型抽水蓄能电站，装机容量大于等于 30 万 kW 小于 120 万 kW 的为大（2）型抽水蓄能电站。中小型抽水蓄能电站是指装机容量小于 30 万 kW 的抽水蓄能电站。

（2）按开发方式划分，抽水蓄能电站分为纯抽水蓄能电站和混合式抽水蓄能电站。纯抽水蓄能电站的特点是上水库没有或有很少量的天然径流汇入，蓄能电站的用水在上、下水库间循环使用，发电和抽水用水量基本相等，目前我国已建和在建的抽水蓄能电站大部分为纯抽水蓄能电站。混合式抽水蓄能电站一般由常规水电站在新建、改建或扩建时根据电网发展需要加装抽水蓄能机组而成，其上水库有一定的天然径流入库，发电用水量大于抽水用水量。

（3）按调节周期划分，抽水蓄能电站分为日调节、周调节和年调节抽水蓄能电站。日调节抽水蓄能电站以一昼夜为调节周期，在每天电网负荷高峰时发电，负荷低谷时抽水，调节库容一般按其装机满发 5h~6h 设计，目前我国大部分已建、在建抽水蓄能电站均属这一类。周调节抽水蓄能电站以一周为运行周期，调节一周内电力系统负荷不均匀变化，其运行特点为在周内负荷较大时增加电站高峰发电时间，在周内负荷低落时增加电站抽水时间，一般按其装机满发 10h~20h 设计。年调节抽水蓄能电站可以将汛期丰沛水量抽蓄到上水库供枯水期发电用，承担调节年内丰、枯水期间不均匀与电力系统负荷之间的矛盾，上、下水库水位变化周期为 1 年，在汛期利用系统多余电力将河流水量抽至上水库，在枯水期向系统供电，年调节抽水蓄能电站一般要求上水库具有较大库容，通常不需要建设下水库，而利用天然河流取水。

（4）按机组类型划分，抽水蓄能电站分为四机分置式、三机串联式和二机可逆式。早期抽水蓄能电站受技术条件限制，普遍采用四机分置式方案，电站的水泵、水轮机、电动机和发电机分开布置，该布置形式相当于分别建设泵站和电站，工程投资大，布置复杂，目前已很少采用。三机串联式方案中，电动机和发电机结合在一个电机内，电站机组由发电电动机、水泵和水轮机组成并布置在一根轴上，发电时由水轮机带动发电机，抽水时由电动机带动水泵，由于水泵和水轮机可按各自的工况进行设计，运行效率较高，但因水泵和水轮机分开布置，工程投资较二机可逆式布置要大。二机可逆式方案中，水电站的水泵和水轮机合并为一套水力机械，与常规水电站布置相似，水轮机正向旋转为水轮机工况，反向旋转为水泵工况，由于水泵、水轮机和电动机、发电机分别合为一体，布置简化，机组尺寸缩小，降低了工程投资。根据水头不同，可逆式水泵水轮机可分混流式、斜流式、贯流式、轴流式四种，其中混流式适用水头 30m~800m 的抽水蓄能电站，是目前应用最为广泛的机组型式。

6.2 技术动态和趋势

6.2.1 发展历程

总体来讲，我国抽水蓄能发展大致分为四个阶段。

第一阶段
1968 年 → 2000 年

1968 年，河北省岗南水电站从国外引进第一台抽水蓄能机组，容量 1.1 万 kW，建成混合式抽水蓄能电站投入商业运营，拉开了我国抽水蓄能电站建设的序幕。20 世纪 80 年代我国开展了第一轮选点规划，相继选出了一批抽水蓄能站址并陆续开工建设，代表性电站有：潘家口、十三陵、广蓄、天荒坪。

第二阶段
2000 年 → 2010 年

进入 21 世纪，随着我国经济建设的快速发展，电力负荷快速增长，多地区出现缺电现象。第一批抽水蓄能电站的投产运行在电网中发挥了十分重要的作用，其建设的必要性得到进一步认可。该阶段新一批抽水蓄能电站陆续建设，装机规模超过 1100 万 kW，代表性电站有张河湾、桐柏、宜兴、琅琊山等。

第三阶段
2010 年
2020 年

随着经济社会的高速发展和大规模新能源基地的建设，抽水蓄能电站开始由负荷中心向送电端分散。国家在多个省份统一开展了新一轮选点规划，推荐、备选站址共计 70 多个，装机规模达 9100 万 kW。该阶段抽水蓄能发展规划、产业政策、技术标准、产业链等基本完善，设备制造基本实现国产化，为抽水蓄能下一阶段的高速发展奠定了坚实基础，代表性电站有沂蒙、敦化、文登、深蓄、荒沟等。

第四阶段
2020 年以来

第四阶段（2020 年以来）：国家发展改革委、国家能源局印发了《关于进一步完善抽水蓄能价格形成机制的意见》（发改价格〔2021〕633 号）、《抽水蓄能中长期发展规划（2021—2035 年）》、《关于抽水蓄能电站容量电价及有关事项的通知》（发改价格〔2023〕533 号）等文件，抽水蓄能行业价格机制逐渐健全，开始了新一轮的投资建设热潮，迈入了高速发展阶段。截至 2023 年 11 月 14 日，“十四五”期间全国已核准抽水蓄能电站 86 个，总装机规模超 1.1 亿 kW。

6.2.2 技术动态和趋势

我国抽水蓄能呈现出多样化的发展态势：以大型常规定速机组抽水蓄能电站为主体，以中小型抽水蓄能电站、变速机组抽水蓄能电站、混合式抽水蓄能电站、废弃矿山地下抽水蓄能电站、海水抽水蓄能电站为补充。

（1）大型常规定速机组抽水蓄能电站

目前，我国已建、核准在建的抽水蓄能电站以大型常规定速机组抽水蓄能电站为主。

水泵水轮机的水力开发关系着机组的安全、可靠、稳定和高效运行，水力开发过程中需要关注四个重要指标：水轮机工况“S”区裕量、水泵工况“驼峰”区裕量、水泵工况空化、无叶区压力脉动幅值。通过模型试验以及计算模拟，我国在驼峰区机理研究方面取得了重大突破，并逐步掌握了优化驼峰区特性的方法，改善了水泵小流量工况的非稳态特性，推迟了驼峰的产生并减弱了驼峰的强度，从而提高了驼峰区裕量。在抽水蓄能机组的水力设计中，减小无叶区压力脉动和尾水管压力脉动幅值是保证机组稳定运行的关键因素。一方面通过对活动导叶翼型、活动导叶进出口角度、固定导叶进出口安放角、固定导叶和活动导叶的相对位置、叶片进出口安放角、叶片进出水边型线、叶片数等几何参数进行优化，使得在不影响机组能量性能的前提下，尽可能减小无叶区压力脉动幅值，另一方面通过优化叶片翼型及出水边几何参数，改善叶轮出口流态，减轻尾水涡带，减小尾水管压力脉动的幅值。

近年来，随着一批抽水蓄能电站的建设运行，通过对不同水头段水力开发的经验积累，我国已经掌握了水泵水轮机水力开发的核心技术。此外，我国在大容量高转速发电电动机电磁设计技术、绝缘技术、通风冷却技术、刚强度分析技术、三维设计技术等方面也取得了很大进步。目前，国内已投运的单机容量最大抽水蓄能电站为阳江抽水蓄能电站，单机容量 40 万 kW；国内在建的单机容量最大抽水蓄能电站为天台抽水蓄能电站，单机容量 42.5 万 kW；国内已投运的扬程最高、机组转速最高的抽水蓄能电站为长龙山抽水蓄能电站，最高扬程 764 米，额定转速 600r/min。高水头、高转速、大容量的常规定速机组是国内装备制造创新发展的方向。

（2）中小型抽水蓄能电站

大型抽水蓄能电站在区域、省市电网中作用显著，主要发挥调峰、填谷、调频、调相、事故备用和黑启动等作用，而对于中小城市、线路开辟困难、电网边缘地区则无法顾及。因而在电网边缘地区、孤立电网、海岛电网等，布置中小型抽水蓄能电站，既可以与大型抽水蓄能电站优势互补，又可以独立协调各种分布式电源，提高分布式能源、孤立电网、微电网的供电质量和可靠性。与大型抽水蓄能电站相比，中小型抽水蓄能电站具有布局灵活、投资少、接入系统便利、对输电线路建设要求较低等优点。此外，中小型抽水蓄能电站枢纽布置相对简单，建设工程量小，建设工期相对短，且多结合已建水库开发，由于规模小，开展项目前期工作及建设实施相对容易。

截至 2022 年底，我国已建中小型抽水蓄能电站装机规模约 86 万 kw，占已建抽水蓄能电站的比重不足 2%。《抽水蓄能中长期发展规划（2021—2035 年）》指出，在湖北、浙江、江西、广东等省（区、市），结合当地电力发展和新能源发展需求，因地制宜规划建设中小型抽水蓄能电站。目前全国多地正在开展中小型抽水蓄能电站的选点工作。随着调度运行方式和电价机制等方面的完善，中小型抽水蓄能电站的建设有望迎来快速发展。

（3）变速机组抽水蓄能电站

变速抽水蓄能机组具有自动跟踪电网频率变化和快速调节有功功率等优越性，能准确、快速地对电网频率进行调节。随着风、光等新能源在电网中大规模高比例地迅速增长，电网需要响应能力快、调节容量大、运行灵活的储能电站运行方式，进而减小新能源电源因稳定性差对电网产生的冲击。可变速技术能使抽水蓄能机组不局限于额定转速运行，从而使调控更灵活、快速、高效、可靠，在新型电力系统中，可为电网安全稳定运行提供有力保障，并能极大地促进新能源消纳。可变速技术已成为全球抽水蓄能领域的新方向和研发热点。目前，世界上大多数可变速抽水蓄能机组位于日本和欧洲，截至 2020 年底，全世界有超过 18 个电站、约 40 台变速抽水蓄能机组投运，集中于欧洲、日本等国家和地区。我国在可变速抽水蓄能技术的开发应用方面起步较晚，仍处于探索研究阶段，目前虽然取得了一些成果，但与国外技术尚有差距。

四川春厂坝变速抽水蓄能示范电站是我国首座小型变速抽水蓄能电站，采用国内首台自主研发的 5MW 变速恒频可逆式抽水蓄能发电机组，形成 59MW 混蓄电站。该电站已于 2022 年完成主体工程验收，成功实现变转速抽水，对后续全功率变速抽水蓄能机组的设计、制造、协同控制、调试规范化、标准化具有较大参考意义。丰宁电站二期是我国第一座采用大型可变速抽水蓄能机组的电站，该电站采用了 2 台交流励磁变速机组。2022 年 5 月，国家能源局将“300MW 级变速抽水蓄能机组成套设备”列入 2021 年度能源领域首台（套）重大技术装备清单，并拟依托辽宁庄河抽水蓄能电站、山东泰安二期抽水蓄能电站、广东肇庆浪江抽水蓄能电站等项目开展工程示范应用。2022 年 12 月，我国首个单机 400MW 级变速抽水蓄能工程项目——惠州中洞抽水蓄能电站全面开工，其中 1 台机组为变速机组。由于变速抽水蓄能机组造价较高，一定程度上限制了其推广应用。然而随着以新能源为主体的新型电力系统的构建及变速机组关键技术的突破，国产大容量变速抽水蓄能机组有望迎来快速发展。

（4）混合式抽水蓄能电站

混合式抽水蓄能电站（图 6.2–1）一般利用两个相邻常规梯级电站的水库作为上水库和下水库，在两岸山体内开挖输水系统和地下厂房，并安装抽水蓄能机组。早在 1968 年，我国就建成了第一座混合式抽水蓄能电站——

岗南水电站，我国已建成的混合式抽水蓄能电站见表 6.2-1，主要有潘家口、西藏羊卓雍湖、安徽响洪甸和白山等电站工程。我国目前拟建、在建的混合式抽水蓄能电站见表 6.2-2，主要有安康、叶巴滩、两河口等电站工程。实践证明混合式抽水蓄能电站技术可行、运行可靠、经济合理，主要体现在：电能综合转换效率有效提高；所在流域的水资源能得到更有效利用；只进行水道、厂房等洞室开挖和水泵水轮机组安装，征地移民费用也相对较少，从而建设周期短，节省工程投资。

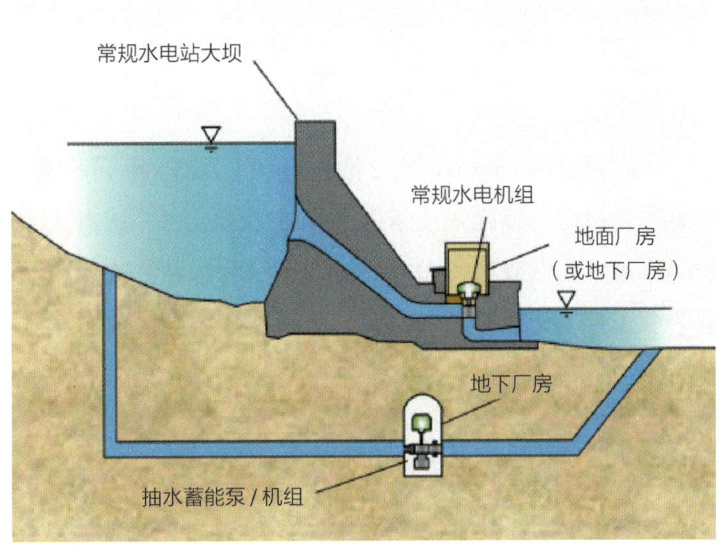

图 6.2-1　混合式抽水蓄能电站示意图

图片来源：《联合运行式抽水蓄能电站的建设运行现状及发展思考》

表 6.2-1　我国目前已建成的混合式抽水蓄能电站

数据来源：《联合运行式抽水蓄能电站的建设运行现状及发展思考》

序号	名称	站址	机组情况	建成年份
1	岗南水电站	滹沱河中游平山县境内岗南村西	抽蓄机组：1×11MW	1968 年
2	密云抽水蓄能电站	海河流域潮白河水系	抽蓄机组：2×11MW	1973 年
3	潘家口抽水蓄能电站	河北省迁西县滦河干流	抽蓄机组：3×90MW	1992 年
4	羊卓雍湖抽水蓄能电站	西藏自治区贡嘎县境内	抽蓄机组：5×22.5MW	1997 年
5	响洪甸抽水蓄能电站	安徽六安市金寨县	抽蓄机组：2×40MW	2001 年
6	白山抽水蓄能电站	吉林省第二松花江上游	抽蓄机组：2×150MW	2007 年

表 6.2-2 我国目前拟建、在建的混合式抽水蓄能电站

数据来源：中国水力发电工程学会

序号	名称	站址	装机容量（MW）	上水库	下水库
1	叶巴滩	四川省	4500	叶巴滩水电站水库	拉哇水电站水库
2	关岭（光马）	贵州省安顺市	800	光照水电站水库	马马崖一级水电站水库
3	两河口	四川省甘孜州	1200	两河口水电站水库	牙根一级水电站水库
4	安康	陕西省安康市	600	安康水电站水库	旬阳水电站水库
5	梨园阿海	云南省	600	梨园水电站水库	阿海水电站水库
6	紧水滩	浙江省丽水市	297	紧水滩电站水库	石塘电站水库
7	乌溪江	浙江省衢州市	298	湖南镇水电站水库	黄坛口水电站水库

《抽水蓄能中长期发展规划（2021—2035 年）》明确，探索推进水电梯级融合改造，鼓励依托常规水电站增建混合式抽水蓄能。**目前我国已开发的常规水电站规模约 3.6 亿 kW，对具备混合式开发模式的站址资源开展普查工作，摸清可开发容量，对开发建设混合式抽水蓄能电站具有重要意义。**

（5）废弃矿山地下抽水蓄能电站

近年来，为促进能源转型及解决可再生能源存储问题，德国有关机构选取典型废弃金属矿山（图 6.2-2）和煤矿山（图 6.2-3），开展了废弃矿山地下抽水蓄能电站的可行性研究。目前中国废弃矿山地下抽水蓄能电站研究较少，仅有中国矿业大学（北京）、中国电力科学研究院、中国电力建设集团（北京）、华东勘测设计研究院有限公司、上海勘测设计研究院有限公司等少数几家研究机构开展了相关研究。

目前，拟利用废弃矿山建设的抽水蓄能电站主要有江苏某铜矿抽水蓄能电站和辽宁某露天矿抽水蓄能电站。江苏某铜矿抽水蓄能电站项目初拟装机规模 120 万 kW，已纳入国家“十四五”重点实施项目。通过地灾治理、植被修复、生态修复、交通优化等综合治理与整合利用措施，改善周边生态环境，实现废弃矿坑再利用。

我国废弃矿山数量众多且分布广泛，据相关资料估算，截至 2016 年底，全国煤矿采空区地下空间约为 138 亿 m^3，预计至 2030 年将达约 235 亿 m^3。2020 年 6 月国家发展改革委、自然资源部印发了《全国重

要生态系统保护和修复重大工程总体规划（2021—2035年）》（发改农经〔2020〕837号），明确提出在青藏高原生态屏障区、黄河重点生态区（含黄土高原生态屏障）、长江重点生态区（含川滇生态屏障）、东北森林带、北方防沙带、南方丘陵山地带等重点区域科学开展矿山生态修复，恢复矿山

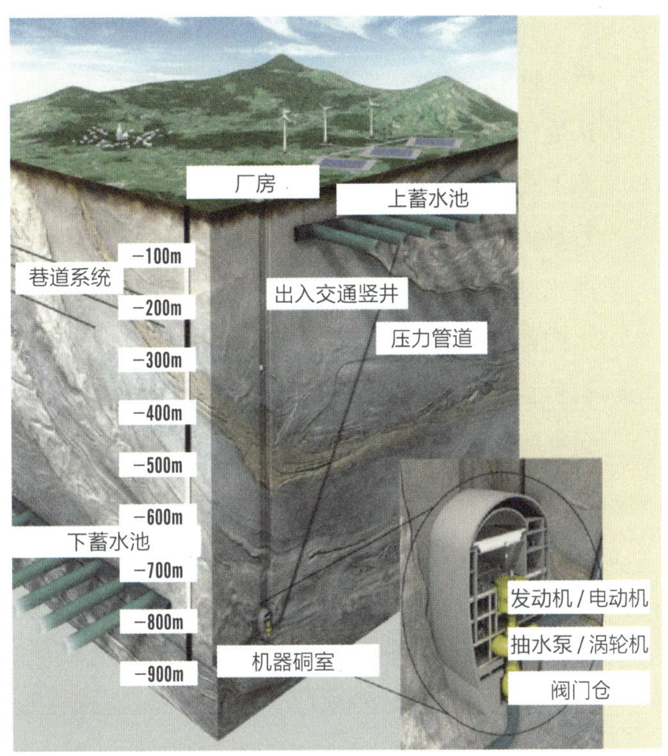

图 6.2-2　废弃金属矿山地下抽水蓄能电站示意图

图片来源：《中国废弃矿山地下抽水蓄能电站技术要点与可行性分析》

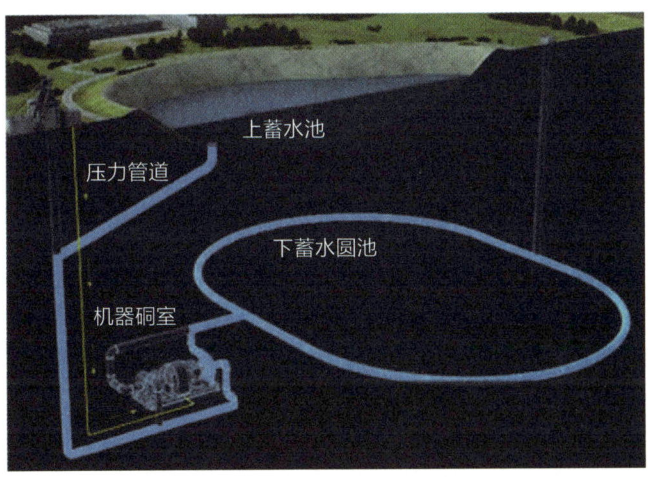

图 6.2-3　煤炭矿山地下抽水蓄能电站示意图

图片来源：《中国废弃矿山地下抽水蓄能电站技术要点与可行性分析》

生态。**因此，通过借鉴已有废弃矿山地下抽水蓄能电站研究成果，总结提炼技术要点，深入论证技术方案，开展试点示范研究，对于我国废弃矿山生态修复、资源型城市转型和可持续发展具有重要意义。**

（6）海水抽水蓄能电站

利用江河湖泊淡水的常规抽水蓄能电站常常会受到自然环境、气候条件、地形地貌等客观条件的限制，工程条件较好的站点已经开发，新电站的选址日益困难。而我国沿海经济发达地区的电力负荷峰谷差日益增大，同时海上高速发展的新能源发电，沿海核电、海岛燃油发电和多能互补供电系统等都亟须合适的储能系统来配合，以解决其不稳定性、间歇性等问题，因而海水抽水蓄能技术具备独特的应用优势，越来越受到行业的重视。常规海水抽蓄是在海边建设上水库，将海洋作为下水库，发电时海水通过水泵水轮机组从上库排往海洋，将海水重力势能转化为电能，储能时将海水抽至上水库，以海水重力势能形式存储（图 6.2-4）。日本冲绳在 1999 年建设了世界首座海水抽水蓄能电站（图 6.2-5），可蓄水 564000m^3，有效落差 136m，最大出力 30MW。通过电站近 5 年的试运行，证实了海水抽水蓄能电站的合理性和可靠性，为以后海水抽水蓄能电站的建设、运行提供了重要经验。但该电站上水库海水渗漏给周围环境带来了一些影响。

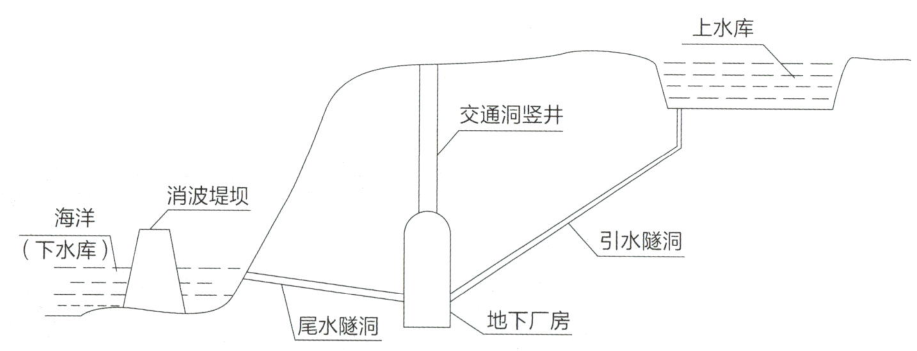

图 6.2-4　海水抽水蓄能电站示意图

图片来源：《海水抽水蓄能电站发展及应用》

此外，海水抽水蓄能电站还有排水型和沉箱式两种形式。排水型海水抽水蓄能电站工作原理与潮汐电站类似，通过在海湾附近修筑水坝，将坝内的水库作为电站的下水库，坝外的海洋作为电站的上水库，利用水坝内外海水落差进行蓄能和发电，主要缺点在于选点困难；沉箱式海水抽水蓄能电站将

图 6.2-5　日本冲绳海水抽水蓄能电站

图片来源：《新型重力储能研究综述》

混凝土沉箱下沉至地下形成封闭蓄水池，作为电站的下水库，海洋作为电站的上水库，主要缺点在于沉箱形成的下水库一般库容较小，电站装机容量受到限制，还需解决沉箱的抗浮问题。

2017 年，国家能源局发布了海水抽水蓄能电站资源普查成果，共普查出海水抽水蓄能资源站点 238 个，总装机容量 4208.3 万 kW，广东、浙江、福建 3 省海水抽水蓄能资源最为丰富。2018 年 4 月，国家能源局同意将福建宁德浮鹰岛（拟装机 4.2 万 kW）站点作为海水抽水蓄能电站试验示范项目站点，这是我国首个海水抽水蓄能电站。目前仍在开展项目技术攻关和前期论证工作。

我国拥有丰富的自然海水资源，建设海水抽水蓄能是开发海洋资源、解决沿海大规模可再生能源消纳的一种重要方式，同时也可以填补国内海水抽水蓄能电站工程的空白，海水抽水蓄能电站将在国内具有一定的应用前景。**针对海水腐蚀机电设备、海水渗漏污染周边环境等一系列难题以及技术挑战，需进一步加强海水抽水蓄能电站关键技术研究。**

6.3 资源情况

6.3.1 站点资源概况

2020 年 12 月，国家能源局发布了《关于开展全国新一轮抽水蓄能中长期规划编制工作的通知》（国能综通新能〔2020〕138 号），全国开展了新一轮抽水蓄能中长期规划资源站点普查工作。根据最新资源普查成果，我国抽水蓄能资源站点超过 1500 个，总装机规模达 16 亿 kW，其中南方、西北、华中和华东等区域分布相对较多。

2021 年 9 月，国家能源局发布了《抽水蓄能中长期发展规划（2021—2035 年）》。规划指出，到 2025 年，我国抽水蓄能投产总规模较“十三五”末翻一番，装机容量达到 6200 万 kW 以上；到 2030 年，抽水蓄能投产总规模较“十四五”末再翻一番，装机容量达到 1.2 亿 kW 左右。同时，中长期规划布局重点实施项目 340 个，总装机容量约 4.21 亿 kW，储备项目 247 个，总装机规模约 3.05 亿 kW。目前已纳入规划的抽水蓄能站点资源总量约 8.23 亿 kW。截至 2023 年 11 月，我国已建、核准在建装机规模超 2 亿 kW。

6.3.2 已建及在建电站

在建抽水蓄能项目投产速度加快。截至 2022 年底，我国抽水蓄能装机容量达到 4579 万 kW，约占我国电源总装机的 1.8%，占非化石电源装机的 3.6%。2022 年抽水蓄能装机增速为 25.8%（图 6.3-1）。

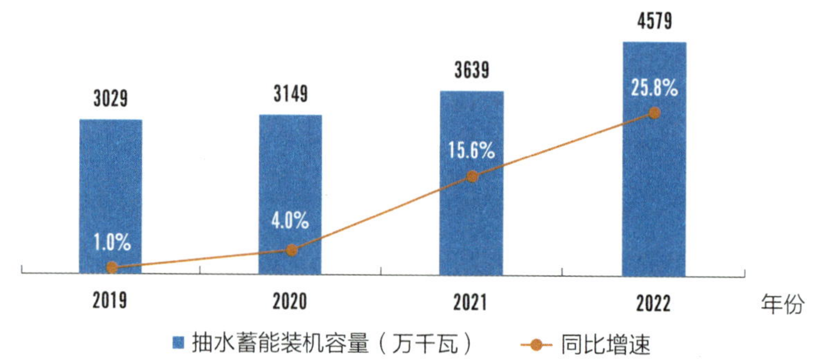

图 6.3-1 2019 年～2022 年我国累计抽水蓄能装机容量及同比变化

数据来源：《中国电力统计年鉴（2020—2022）》《2022 年全国电力工业统计快报》

抽水蓄能电站主要分布在中东部及华南地区。截至 2022 年底，我国中东部及华南地区抽水蓄能装机容量 3473 万 kW，约占我国抽水蓄能总装机容量约 76%（图 6.3-2）。其中，广东、浙江两省抽水蓄能装机容量合计 1636 万 kW，约占我国抽水蓄能电站总装机容量的 36%。 2022 年，东北地区和华南地区抽水蓄能电站装机占总抽水蓄能电站装机比重分别同比增长 1.2 个和 6.5 个百分点，华中和华东地区分别回落 2.6 个和 1.3 个百分点。

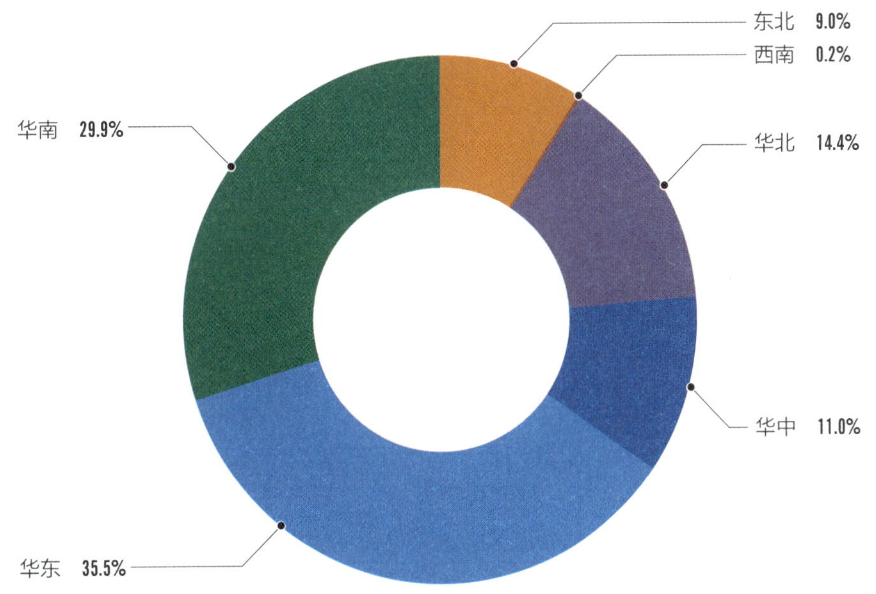

图 6.3-2　2022 年分区域累计抽水蓄能装机容量占比

数据来源：《2022 年全国电力工业统计快报》

6.3.3　拟建电站

截至 2023 年 11 月 14 日，我国“十四五”期间已核准抽水蓄能电站共计 86 个，装机规模合计为 11714.1 万 kW（图 6.3-3）。其中，2021 年核准 11 个抽水蓄能电站，装机规模合计 1380 万 kW（表 6.3-1）；2022 年核准 48 个抽水蓄能电站，装机规模合计 6889.6 万 kW（表 6.3-2）；2023 年初至 2023 年 11 月 14 日，共核准 27 个抽水蓄能电站，装机规模合计 3444.5 万 kW（表 6.3-3）。2022 年抽水蓄能电站核准数量约为 2021 年的 4.4 倍，核准装机容量约为 2021 年的 5 倍。

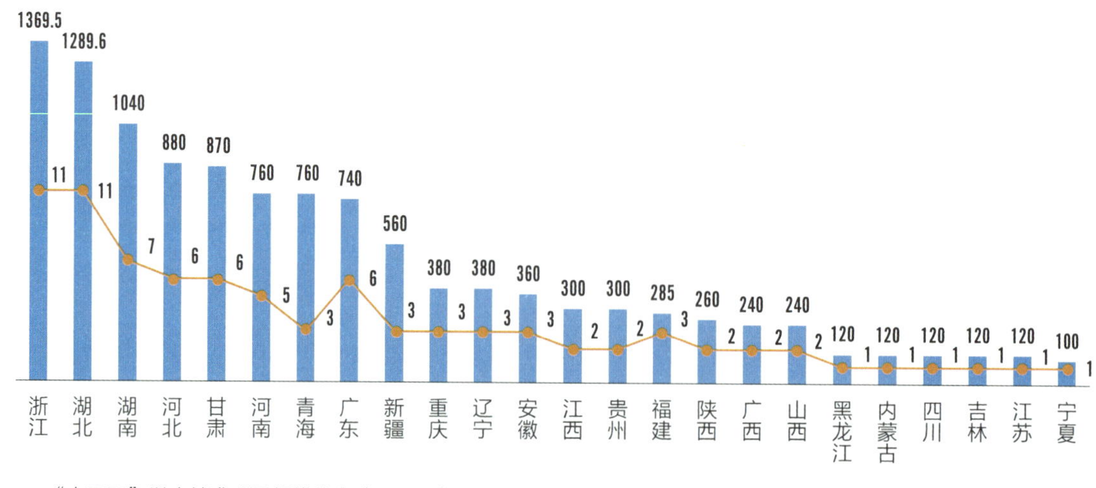

图 6.3-3 "十四五"以来核准项目数量及规模分布

表 6.3-1 2021 年核准的抽水蓄能电站

数据来源：中国水力发电工程学会

序号	省份	项目名称	装机容量（万 kW）	核准时间
1	江西	奉新	120	2021-03-04
2	河南	鲁山	130	2021-07-09
3	广西	南宁	120	2021-11-12
4	浙江	泰顺	120	2021-11-25
5	重庆	栗子湾	140	2021-12-13
6	湖北	平坦原	140	2021-12-16
7	辽宁	庄河	100	2021-12-20
8	浙江	天台	170	2021-12-22
9	广东	梅州二期	120	2021-12-28
10	黑龙江	尚志	120	2021-12-30
11	宁夏	牛首山	100	2021-12-31

表 6.3-2 2022 年核准的抽水蓄能电站

数据来源：中国水力发电工程学会

序号	省份	项目名称	装机容量（万 kW）	核准时间
1	内蒙古	乌海	120	2022-01-30
2	重庆	建全	120	2022-03-03
3	湖南	安化	240	2022-06-24

续表

序号	省份	项目名称	装机容量（万 kW）	核准时间
4	河南	九峰山	210	2022-06-29
5	湖北	清江	120	2022-06-29
6	广东	水源山	120	2022-07-06
7	广东	三江口	140	2022-07-14
8	安徽	宁国	120	2022-07-18
9	湖北	宝华寺	120	2022-07-28
10	广东	浪江	120	2022-08-08
11	广东	中洞	120	2022-08-26
12	河南	后寺河	120	2022-08-28
13	浙江	建德	240	2022-09-06
14	湖南	罗萍江	120	2022-09-13
15	湖北	松滋江西观	120	2022-09-19
16	湖北	紫云山	140	2022-09-27
17	湖北	魏家冲	29.8	2022-09-30
18	河南	林州弓上	120	2022-09-30
19	浙江	松阳	140	2022-09-30
20	浙江	景宁	140	2022-09-30
21	湖北	黑沟	30	2022-10-09
22	甘肃	皇城	140	2022-10-18
23	河北	滦平	120	2022-10-18
24	浙江	桐庐	140	2022-10-19
25	甘肃	张掖	140	2022-10-20
26	安徽	霍山	120	2022-10-20
27	河北	灵寿	140	2022-10-27
28	河北	邢台	120	2022-10-27
29	甘肃	玉门昌马	120	2022-10-27
30	湖南	木旺溪	120	2022-11-07
31	湖北	五峰太平	240	2022-11-11
32	重庆	菜籽坝	120	2022-11-13

续表

序号	省份	项目名称	装机容量（万 kW）	核准时间
33	湖南	广寒坪	180	2022-11-14
34	湖北	潘口	29.8	2022-11-15
35	安徽	石台	120	2022-11-17
36	河北	隆华	280	2022-11-28
37	浙江	永嘉	120	2022-11-28
38	四川	两河口混合式	120	2022-12-11
39	河北	迁西	100	2022-12-15
40	河北	阜平	120	2022-12-15
41	甘肃	黄羊	140	2022-12-26
42	河南	龙潭沟	180	2022-12-27
43	贵州	贵阳	150	2022-12-29
44	青海	哇让	280	2022-12-30
45	青海	同德	240	2022-12-30
46	青海	南山口	240	2022-12-30
47	湖北	通山（大幕山）	140	2022-12-30
48	江西	洪屏二期	180	2022-12-30

表 6.3-3　2023 年核准的抽水蓄能电站（截至 2023 年 9 月）

数据来源：中国水力发电工程学会

序号	省份	项目名称	装机容量（万 kW）	核准时间
1	浙江	乌溪江混合式	29.8	2023-01-12
2	浙江	紧水滩混合式	29.7	2023-01-12
3	山西	垣曲二期	120	2023-01-17
4	湖南	汨罗玉池	120	2023-01-19
5	湖北	南漳	180	2023-02-03
6	甘肃	黄龙	210	2023-02-10
7	陕西	曹坪	140	2023-02-13
8	浙江	庆元	120	2023-02-13
9	辽宁	兴城	120	2023-02-21
10	辽宁	大雅河	160	2023-02-21

续表

序号	省份	项目名称	装机容量（万 kW）	核准时间
11	贵州	黔南	150	2023-04-25
12	广东	岑田	120	2023-06-14
13	山西	蒲县	120	2023-06-14
14	江苏	连云港	120	2023-06-14
15	新疆	布尔津	140	2023-06-27
16	福建	古田溪混合式	25	2023-06-29
17	甘肃	永昌	120	2023-06-30
18	福建	永安	120	2023-07-26
19	福建	仙游木兰	140	2023-07-30
20	广西	来宾	120	2023-08-19
21	浙江	柯城	120	2023-08-30
22	新疆	和静	210	2023-09-21
23	新疆	若羌	210	2023-09-21
24	湖南	江华湾水源	140	2023-09-28
25	湖南	辰溪	120	2023-09-28
26	吉林	敦化塔拉河	120	2023-11-06
27	陕西	山阳	120	2023-11-14

6.4 产业发展现状及前景

6.4.1 发展现状

（1）全产业链体系更加完备

抽水蓄能电站全产业链体系涉及勘测设计、装备制造、工程咨询、运营管理等方面。2020 年以来，随着两部制电价等国家政策的实施，抽水蓄能迈入了高速发展阶段，其投资运营、装备制造、勘测设计、咨询服务企业逐渐多元化，全产业链体系更加完备。

投资运营代表企业：国家电网、南方电网、华电集团、国家能源集团、三峡集团、中核集团、深圳能源集团、葛洲坝集团、中国电建集团、中国能建集团、华源电力有限公司等。

装备制造代表企业：主要是水泵水轮机、发电电动机和主变压器等设备制造企业。目前国内具备大型抽水蓄能机组产能的主机厂商主要为哈尔滨电机、东方电机、浙富控股，其中哈尔滨电机、东方电机两大厂商的市场占有率合计约 80%，年交付能力合计 40 台套左右。《2023 年上半年我国发电设备行业发展情况及形势展望》指出，根据目前抽水蓄能电站核准在建情况，预计 2028 年 ~2030 年抽水蓄能机组设备订单达到交付高峰，年均需交付容量 3000 万 kW 以上。当前的产能和未来的需求情况将进一步刺激国内抽水蓄能机组的生产规模。

勘测设计代表企业：中国电建集团北京勘测设计研究院、华东勘测设计研究院、中南勘测设计研究院、西北勘测设计研究院、成都勘测设计研究院、贵阳勘测设计研究院、昆明勘测设计研究院等，水利部中水东北勘测设计研究有限责任公司、中水北方勘测设计研究有限责任公司、黄河水利委员会勘测规划设计研究院、长江勘测规划设计研究院等，广东省水利电力规划勘测设计研究院，福建省水利水电勘测设计研究院，三峡集团上海勘测设计研究院有限公司，中国能建集团广西电力设计研究院、广东省电力设计研究院，中国电力工程顾问集团西北电力设计院、华北电力设计院、中南电力设计院、东北电力设计院等。

入选国家发展改革委投资咨询评估机构名单的机构：中国国际工程咨询有限公司、中投咨询有限公司、电力规划设计总院。

（2）技术装备水平显著提升

我国抽水蓄能电站工程建设技术发展较快，相继建设了一批具有世界先进水平的抽水蓄能电站工程，如装机容量（360 万 kW）世界第一、地下洞室群规模世界第一的丰宁抽水蓄能电站；首次采用斜井开挖轨道与混凝土滑模轨道合并技术，成为国内斜井施工先例的深圳抽水蓄能电站；世界最大发电水头 756m、单段斜井长度（435m）国内第一的长龙山抽水蓄能电站；国内纬度最高、解决了严寒环境水下混凝土耐久性等质量难题的荒沟抽水蓄能电站；国内已投运单机容量最大（40 万 kW）、钢筋混凝土衬砌水道水头最高、机组设备全面国产化的阳江抽水蓄能电站。**我国抽水蓄能在坝工、高压管道、复杂地下洞室群设计及施工等方面达到了世界先进水平。**

我国在经历了初步探索、技术引进、自主研发、技术成熟应用等阶段后，具备了独立设计制造抽水蓄能机组的能力，实现了抽水蓄能机组的国产化。深圳抽水蓄能电站实现了抽水蓄能机组设计、制造、安装、调试的全面国产化，并以抽水蓄能机组设备国产化为核心，推动了国内抽水蓄能技术升级。吉林敦化抽水蓄能电站在国内首次实现 700m 级超高水头、大容量、高转速抽水蓄能机组的完全自主研发。广东阳江抽水蓄能电站是目前国内已投运单机容量最大的抽水蓄能电站，圆满完成 700m 级、40 万 kW 超高水头超大容量抽水蓄能机组设计制造自主化任务，机组设计难度位于世界前列。抽水蓄能机组制造安装技术继续取得突破，永泰抽水蓄能电站机组首次应用导水机构数字化虚拟预装技术。

（3）配套政策逐步完善

2011 年以来，国家发展改革委、国家能源局从规划建设、投资机制、电价机制、生态环保等方面制定了相关政策，对抽水蓄能电站项目作出规范。

2014 年国家发展改革委出台了《关于完善抽水蓄能电站价格形成机制有关问题的通知》（发改价格〔2014〕1763 号）、《关于促进抽水蓄能电站健康有序发展有关问题的意见》（发改能源〔2014〕2482 号）明确抽水蓄能电站实行两部制电价，鼓励社会资本投资抽水蓄能电站，建立多元化投资体制机制，推进抽水蓄能电站市场化改革。2015 年，国家能源局印发《关于鼓励社会资本投资水电站的指导意见》（国能新能〔2015〕8 号）等文件，明确在抽水蓄能建设领域引入社会资本，通过招标确定开发主体，拓宽社会资本投资渠道，完善水电投资环境，促进水电持续健康有序发展。

“双碳”目标提出后，抽水蓄能成为助力构建新型电力系统、推动能源绿色低碳转型的重要举措。2021 年，国家发展改革委、国家能源局相继印发《关于进一步完善抽水蓄能价格形成机制的意见》（发改价格〔2021〕633 号）、《抽水蓄能中长期发展规划（2021—2035 年）》。2023 年 5 月国家发展改革委印发《关于第三监管周期省级电网输配电价及有关事项的通知》（发改价格〔2023〕526 号）和《关于抽水蓄能电站容量电价及有关事项的通知》（发改价格〔2023〕533 号），明确了容量电费在各省的分摊金额，进一步健全完善了抽水蓄能电价机制。我国抽水蓄能行业迈入高速发展阶段，迎来了新一轮投资建设热潮。

2023 年，为推动抽水蓄能高质量发展，针对当前抽水蓄能规划建设以及行业发展新形势新情况，国家能源局相继发布了《关于进一步做好抽水蓄能规划建设工作有关事项的通知》(国能综通新能〔2023〕47 号)、《申请纳入抽水蓄能中长期发展规划重点实施项目技术要求(暂行)》(国能综通新能〔2023〕84 号)等政策文件。2023 年 5 月国家能源局监管司印发了《关于开展电力系统调节性电源建设运营综合监管工作的通知》(国能发监管〔2023〕39 号),对抽水蓄能等五类灵活调节性电源及资源建设运营综合监管,针对性地提出监管意见建议,推动相关政策完善落实,助力新型电力系统建设和能源高质量发展。

6.4.2 发展问题

(1)部分地区抽水蓄能需求需进一步论证分析

抽水蓄能的发展与其需求密不可分,客观系统地分析本地区电力系统发展现状和存在的问题,科学分析预测不同规划水平年负荷水平、特性和电源结构等,统筹各类调节电源,多方案分析论证抽水蓄能的技术需求、经济合理需求,统筹考虑规划水平年新能源合理利用率、电价承受能力等因素,才能合理提出抽水蓄能的规模建议。部分地区的抽水蓄能发展规划存在需求不清晰问题,主要是因为规划抽水蓄能的边界条件不明,特别是新能源、新型储能的发展规划未梳理清楚,也未从区域电网架构角度统筹考虑电网协调发展。

(2)部分抽水蓄能项目定位需进一步明确

抽水蓄能项目服务于电网的定位,大体可以分为服务于本省电网、区域电网以及配合通道外送 3 种。服务于省内或区域电网的抽水蓄能电站主要承担电力系统的调峰、填谷、储能、调频、调相、紧急事故备用及黑启动等作用,虽然其动态效益难以量化,但其在电网中由于调峰填谷产生的静态经济效益可通过电源扩展优化量化计算。配合通道外送的抽水蓄能电站可以提高可再生能源利用率,平抑风、光出力波动对电网安全稳定影响,其主要静态效益包括容量效益、提高输电线路经济性等。部分抽水蓄能电站的定位不明确,主要是因为当前抽水蓄能规划选点工作更多是从站址条件开展论证,缺乏系统需求和电网定位的论证工作,基于其在电网中的定位确定其运行方式、量化计算抽水蓄能电站的效益都有待进一步研究。

(3)部分地区抽水蓄能项目成本疏导压力大

我国抽水蓄能电价历史上存在单一容量电价(租赁)、单一电量电价、两部制电价等多种模式。《国家发展改革委关于进一步完善抽水蓄能价格形成机制的意见》（发改价格〔2021〕633 号）坚持和完善了两部制电价的思路。《国家发展改革委关于抽水蓄能电站容量电价及有关事项的通知》（发改价格〔2023〕533 号）和《第三监管周期省级电网输配电价及有关事项的通知》（发改价格〔2023〕526 号）公布了在运及 2025 年底前拟投运的 48 座抽水蓄能电站的容量电价，明确了容量电费在各省的分摊金额。

按照《抽水蓄能中长期发展规划（2021—2035 年）》，据某机构测算，2020 年 ~2025 年新投运 20 座抽水蓄能电站，总投资约 1800 亿元、单位千瓦平均造价约 5800 元，2023 年 ~2025 年每年容量电费需求 132 亿元，预计将推高工商业平均输配电价约 0.3 分 / 千瓦时，其中部分省份工商业输配电价需提高 0.5 分 / 千瓦时 ~1.0 分 / 千瓦时，电价疏导矛盾十分突出，面临较大涨价压力。

（4）部分抽水蓄能项目前期工作深度与进度需进一步协调

在各级政府大力发展清洁能源、助力经济发展的大背景下，抽水蓄能项目普遍面临早核准、早开工的工作压力。在倒排工期、大幅压缩设计周期的同时，如何科学确定可研阶段各项工作周期正逐渐成为行业普遍关心的热点问题，但由此也带来前期工作不够深入的风险。厂房平硐施工、建设征地移民安置规划设计工作，因其耗时较长，成为制约项目前期工作进度的两个关键路径，也成为项目风险聚集的两个关键环节。

6.4.3 发展思路及前景

（1）坚持系统观念，统筹做好区域与省级抽水蓄能布局的协调发展。

电力系统调节需求是抽水蓄能规划建设的重要前提和基本依据，应坚持需求导向，做好区域与省级抽水蓄能发展的协调优化工作。建议压实地方政府责任，抓紧组织开展系统调节能力需求测算，结合站址资源条件和系统电价疏导路径，深入论证抽水蓄能项目建设必要性、可行性和经济性，结合各省新能源开发时序和调节能力实际需求，在区域内统筹优化各省抽水蓄能发展规模、布局和时序。建议引入国家级咨询机构评估机制，客观研判系统发展需求，严格把关技术经济方案，为政府合规推动项目核准审批、合理控制开发建设节奏提供科学支撑，促进行业良性有序发展。同时，建议投资企业确保前期工作深度，落实好外部建设条件，强化接入系统、并网运行等专题研究，为电站投产后高效经济运行奠定基础。

（2）坚持系统观念，统筹做好抽水蓄能与其他调节资源的优化配置。

调节资源配置需在满足电力电量平衡基础上，统筹考虑多电源品种特性、调节时间尺度等因素，结合系统实际需求、时长效益发挥、减煤降碳趋势等，系统优化，科学研判。省级电网方面，需将抽水蓄能纳入整体电源结构体系中统筹考虑，迭代优化。对于存在长时间连续弃电问题的某些西部地区省份，仅新增短时调节电源难以解决弃电问题，应首先解决大量电量盈余问题，如增加外送规模、承接产业转移等，再开展省内电源优化配置，合理确定抽水蓄能规模。通道配套方面，结合国家规划的“三交九直”通道基地调节电源方案研究，建议新增通道尤其是沙戈荒基地送出通道优先考虑周边具备深度调峰能力的煤电机组，不足部分由其他储能进行补充，目前以电化学储能为主。抽水蓄能调节速度较快，从技术方面看，也可作为通道配套调节电源的选择之一，但受站址条件限制、建设周期较长等问题影响，可能不满足基地“三位一体”“三要素协同”等要求。关于通道配套抽水蓄能事宜，应结合抽水蓄能站址条件、规模及时序的匹配性统筹论证，因地制宜明确通道配套调节电源方案。

（3）坚持系统观念，统筹做好当前与未来市场机制的有效衔接。

现阶段，抽水蓄能建设成本及合理收益采用直接认定方式通过容量电价予以疏导，缺乏对投资主体主动压降投资、加强造价管控的约束，需优化抽水蓄能竞争配置机制，支持系统需求高的抽水蓄能获得更多容量收益，推动抽水蓄能行业技术进步和产业升级。

长远来看，为进一步提高抽水蓄能电站运行效率，引导投资主体主动融入市场、增加竞争意识，需探索建立服务大系统、大型风光基地等不同功能定位抽水蓄能的电价疏导模式，提前谋划抽水蓄能现有成本回收机制和市场化成本回收机制的过渡衔接，推动抽水蓄能参与市场实现成本回收并获得收益，健全完善抽水蓄能长效发展机制，促进抽水蓄能行业合理有序、可持续发展。

（4）发挥一库多用，研究论证抽水蓄能电站作为抗旱水库和应急备用水源的可行性。

近年来，随着全球气候变暖，旱灾发生的不确定性显著提高。面对旱灾影响，国家高度重视抗旱水库和备用水源建设。中国葛洲坝集团提出抽水蓄能电站在发挥传统功能的基础上，具有抗旱水库及应急备用水源功能的观点。抽水蓄能电站库容相对较大，供水条件好，站址海拔相对较高，自流优势大，且大多临近用水需求强的城市，具备抗旱水库和应急备用水源的先天条件。在抽水蓄能电站设计和建设运行过程中，通过合理规划、科学设计和有效管理，发挥其抗旱水库及应急备用水源功能，对减少水利设施重复投资，实现投资效益最优化和社会效益最大化，促进水利行业高质量发展具有非常重要的示范意义。

6.5 经济性

6.5.1 造价水平

对不同投运时序的抽水蓄能电站进行造价分析，除2005年投运的抽水蓄能造价水平略高外，2000年至2015年平均单位造价在3500元/kW以下，2016年至2024年由4300元/kW上升至5400元/kW，增幅达23.37%。预计2025年至2030年投产的在建及核准项目平均单位固定投资（静态投资+价差预备费）为5800元/kW左右，平均单位动态投资为6300元/kW左右。从区域来看，已投运项目中，华北区域平均单位造价水平高于全国平均水平，华中地区平均单位造价水平低于全国平均水平，主要原因在于华中地区多位于黄河中下游和长江中游地区，投产时间较早，具有一定资源条件及材料价格优势。在新投产、在建及核准项目中，西南、西北区域平均单位造价水平高于全国平均水平，华东区域平均造价水平低于全国平均水平，其他区域未呈现明显规律。

考虑未来资源开发限制、材料价格水平及站址条件等因素，抽水蓄能电站工程造价大概率呈上涨趋势。

6.5.2 容量电价水平及影响

（1）容量价格水平及疏导成本

根据此次容量电价核价水平，预计2025年，全国抽水蓄能电站投运装机规模将达 5600 万 kW，年容量电费总额 274.6 亿元。

根据区域分摊原则，目前分摊规模较大的为华东、华北区域，分别为 91 亿元、50 亿元；其次为东北、南方和华中区域，分别约 41 亿元、40 亿元和 33 亿元；西北区域最少，约 17 亿元。到“十四五”末期，分摊规模较大的地区为华东、华北和南方，分别约 123 亿元、74 亿元和 69 亿元。

（2）终端电价影响

《国家发展改革委关于第三监管周期省级电网输配电价及有关事项的通知》（发改价格〔2023〕526 号）指出抽水蓄能容量电费单独列示，纳入系统运行费并随输配电价回收。以某省为例，分析容量电费对系统运行费影响，即省（或区域）范围内终端电价承受的上涨压力。预计 2024 年底，该省年容量电费总额 28.12 亿元，因年容量电费分摊导致系统运行费增加 0.61 分 /kWh。

6.5.3 投资成效

现行电价机制是依据《国家发展改革委关于进一步完善抽水蓄能价格形成机制的意见》（发改价格〔2021〕633 号）以竞争性方式形成电量电价，以激励性监管的方式核定容量电价并纳入输配电价，并与输配电价核价周期保持衔接。根据第三监管周期的核价情况，明确了 48 座抽水蓄能电站容量电价，绝大多数电站收益率得到了保障。未来随着抽水蓄能项目的大规模投运，容量电价水平将根据区域调峰需求、电价承受能力等因素动态调整。

参考文献

[1] 张春生，姜忠见 . 抽水蓄能电站设计 [M]. 北京，2012.

[2] 国家能源局 . 抽水蓄能中长期发展规划（2021—2035 年）[R]. 北京，2021.

[3] 张旭，张鹏，陈昕 . 海水抽水蓄能电站发展及应用 [J]. 水电站机电技术，2019，42（6）：66-70.

[4] 滕军，吴新平，吴林波，等 . 海水抽水蓄能电站设计关键技术问题研讨 [J]. 中国农村水利水电，2022，471（1）：159−162.

[5] 钱钢粮 . 我国海水抽水蓄能电站站点资源综述 [J]. 水电与抽水蓄能，2017，3（5）：1−6.

[6] 王粟，肖立业，唐文冰，等 . 新型重力储能研究综述 [J]. 储能科学与技术，2022，11（5）：1575−1582.

[7] 于倩倩，杨德权，徐玲君，等 . 中小型抽水蓄能电站合理发展探讨 [J]. 水力发电，2021，47（8）：94−98.

[8] 卢兆辉，张盛勇，张正平 . 联合运行式抽水蓄能电站的建设运行现状及发展思考 [J]. 水电与抽水蓄能，2022，8（6）：103−108.

[9] 苏南 . 抽蓄高质量发展需大范围统一配置资源——访中国电建集团北京勘测设计院总规划师靳亚东 [N]. 中国能源报，2022−8−22（7）.

[10] 郗富瑞，张进德，王延宇，等 . 中国废弃矿山地下抽水蓄能电站技术要点与可行性分析 [J]. 科技导报，2020，38（11）：41−50.

[11] 张国良，靳国云，王坤 . 浅谈抽水蓄能机组设备国产化历程与发展方向 [C]. 中国水力发电工程学会 . 2015.

7 地热能利用

CHAPTER

引 言

地热能作为一种绿色低碳的可再生能源，具有储量大、分布广、清洁环保、稳定可靠等优点。我国是地热资源大国，开发前景广阔，随着地热供暖、地源热泵等技术日趋成熟，我国地热开发规模和利用总量已位居世界第一。受资源条件和经济性局限，我国地热能资源利用以直接利用为主，地热能发电则分布相对集中且进展缓慢。

根据地热能的利用特点，本章以地热能直接利用和地热能发电 2 个方向为重点，对地热能利用的技术原理、技术动态和趋势、资源情况、产业发展及前景、经济性等分别进行阐述。

7.1 技术原理及特点

地热资源主要利用方式包括发电和直接利用。其中150℃以上的高温地热主要用于发电，发电后排出的热水可进行逐级多用途利用；90℃~150℃的中温和25℃~90℃的低温地热以直接利用为主，多用于采暖、工业、农林牧副渔业等方面；25℃以下的浅层地热，可利用地源和水源热泵进行供暖、制冷，本书将这类利用方式与发电的能量转换方式区别，也列在直接利用范围内。

7.1.1 地热能直接利用

目前地热能直接利用主要采用中低温地热能资源，多用于采暖供热、工业、农林牧副渔业等领域，主要通过地下水抽灌或地埋管换热器等方式实现地热能的获取，并分别发展了水源热泵和地源热泵技术，实现地热能的供热和制冷。

（1）地下水抽灌

该技术是将地热水从开采井中抽取至地面，在换热器中加热取热介质，放热后的地热水再由回灌井回灌至地下含水层中。该利用方式系统简单，热利用充分，避免热堆积、热突破、抽水坍塌和回灌堵塞等是该技术应用时要考虑的主要问题。地下水抽灌后可以结合水源热泵技术，实现制热和制冷。目前，我国一些城市为了保护地下水源不被污染，禁止采用地下水抽灌方式利用地热能。

（2）地埋管换热器

该技术是将换热器埋入地下，取热工质在换热器中与地下水和岩土进行换热，实现闭式循环提取地下水和岩土中的热量。该技术不抽取地下水，因而不存在回灌以及水处理的问题，对地下水无干扰，具有取热不取水的优点，但施工造价高。近年来，为了满足供热和制冷需求，发展了地源热泵技术。该技术将地热能与热泵技术相结合，供热工况下，热泵工质在热泵蒸发器中吸收地下水或地下岩土中蕴藏的地热能，从而将赋存于地层中的低品位热源转化为可以利用的高品位热源以实现供热；制冷工况下，热泵系统反转，制冷工质在热泵冷凝器中向地下水或地下岩土中放热，利用地热温度较为稳定的特点来将其作为冷源以实现制冷。该技术可有效满足冷热负荷，大大提升了地热能资源的可用性和应用范围，具有节能环保、效率高等优点，但也面临地下水源热泵回灌难和土壤源热泵能效衰减等问题。

7.1.2 地热能发电

地热能发电是以地热能为热源的发电技术，主要利用中高温地热资源，基于利用的地热能资源可以分为水热型和干热岩型两种发电型式，目前以水热型地热能发电应用最为广泛。

（1）水热型地热能发电

该技术系统主要由地下取热与回灌系统和地面发电系统组成。根据地面发电技术的不同，水热型地热能发电又可以分为地热蒸汽发电（包括干蒸汽发电技术和蒸汽扩容发电技术）、双工质循环发电、全流发电和联合循环发电等多种类型。

干蒸汽发电适用于可产生饱和或过热高温干蒸汽的地热田，其是将地热井产出的地热干蒸汽经过滤装置去除杂质后，直接送入汽轮发电机组发电，膨胀后的乏汽经凝汽器冷凝为液体后注回地下，如图 7.1-1 所示。干蒸汽发电技术成熟，具有无污染、设备简单、成本低等优点，但是对蒸汽品质要求高，开采难。

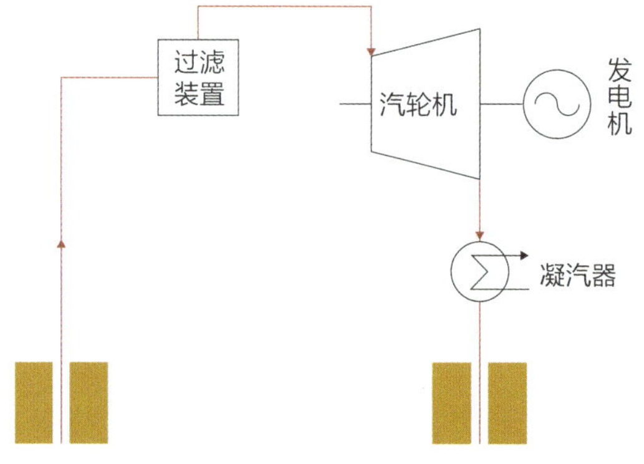

图 7.1-1　干蒸汽发电系统示意图

蒸汽扩容发电又称闪蒸发电，适用于中高温水热型地热资源，其是先将地热井产出的汽水混合物引入汽水分离装置或闪蒸器（扩容器）中，再将分离或扩容降压所得的蒸汽送入汽轮发电机组发电，乏汽冷凝后与闪蒸器分离出的地热水一同回灌至地下，如图 7.1–2 所示。该技术具有地热开采难度低、主设备门槛低、投资成本较低、适用范围广等优点，但其地热能利用率低、设备尺寸较大、腐蚀 / 结垢问题显著。

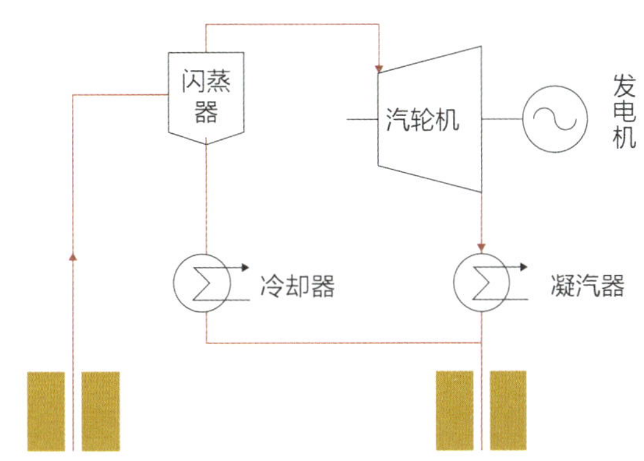

图 7.1–2　蒸汽扩容发电系统示意图

双工质循环发电利用地热流体加热低沸点工质后膨胀发电，可以利用中低温地热资源。双工质循环发电可随低沸点工质的不同而采用不同的循环发电方式，如以低沸点有机流体为工质的双工质循环发电技术采用有机朗肯循环，以氨水为工质的双工质循环发电技术采用卡琳娜循环，系统流程分别如图 7.1–3 所示。

全流发电技术是将地热井产出的湿蒸汽直接通入螺杆膨胀机等进行发电的地热能发电技术，对地热流体适应范围广。其流程与干蒸汽发电相似，避免了蒸汽扩容发电闪蒸过程的能量损失，系统简单，但膨胀机耐腐蚀 / 磨损要求高，且需具备两相膨胀能力，加工设计难度大，工作性能和效率有待进

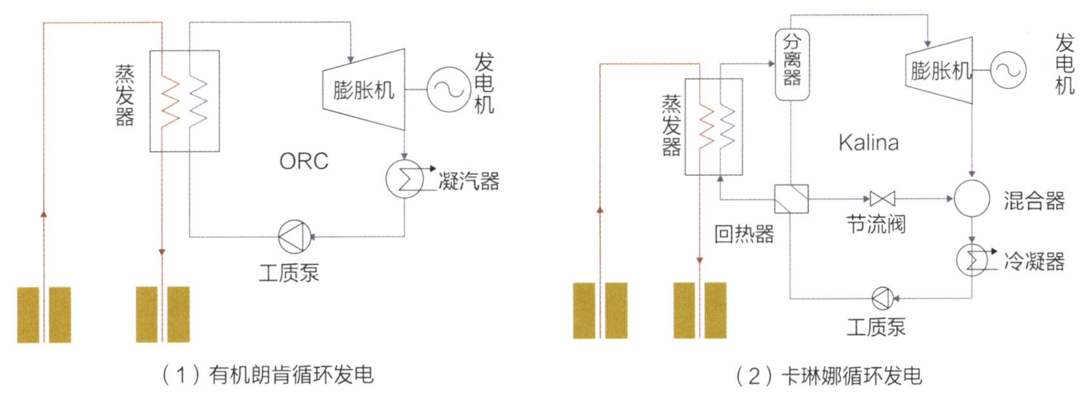

（1）有机朗肯循环发电　　（2）卡琳娜循环发电

图 7.1–3　双工质循环发电系统示意图

一步提高。

联合循环发电则是基于能源综合梯级利用的思想，将上述几种地热能发电技术有机结合，以发挥各自的优势。如地热蒸汽发电与双工质循环发电相结合，利用地热蒸汽发电的汽轮机排汽或分离出的地热水加热低沸点工质，然后将工质蒸汽送入膨胀发电机组发电。

（2）干热岩型地热能发电

为有效开发利用干热岩型地热能资源，美国拉斯阿莫斯国家实验室在 1970 年提出了增强型地热系统（Enhanced Geothermal System，EGS）的概念。如图 7.1-4 所示，增强型地热系统一般采用钻井进入致密的干热岩后，通过对目标岩层进行水力压裂、化学激发或温度激发等，形成具有一定渗透性能的人工热储，热储同时连通回灌井和生产井，换热流体由回灌井进入热储内，通过裂隙与高温岩体进行换热，经由生产井采出，从而将热量带回地面后进行发电。

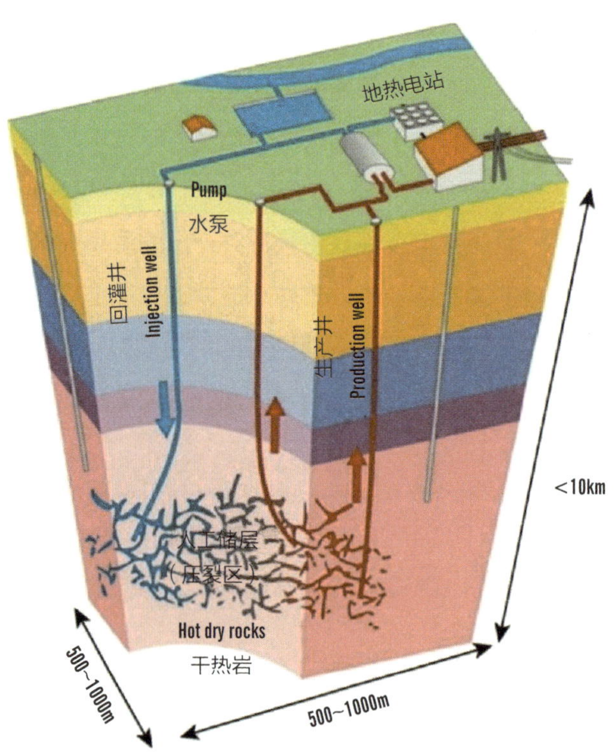

图 7.1-4　增强型地热能发电系统（EGS）示意图

7.2 技术动态和趋势

7.2.1 地热资源勘查与开发技术

（1）资源勘查技术

地热勘测技术大致可分为地球物理和地球化学勘测技术两类。

地球物理法是利用地球物理手段进行的地热勘查，包括重力勘探、磁法勘探、电法勘探、地震勘探、红外线摄影、放射性勘探、微动勘探等。这些方法均是探测一定深度范围内地球物理场的分布，据此来圈定地热田的范围、识别控热构造类型和空间分布、判识地下岩层含水性等。

地球化学法是基于气体与元素指标的勘探技术体系，是估算深部热储温度、判断地热系统的热源、流体来源、认识地热成因和评价地热资源的有效方法。然而，随着地热资源探测与开发深度的不断增大，地热地质条件也愈加复杂，对地球化学技术提出了新的挑战，干热岩型地热资源的地球化学勘查技术亟待研发。

不同的地球勘探手段适用的勘查阶段和场地条件不同，总体来说，电磁法—地球化学耦合探测、大地电磁测深—地震勘探等手段综合勘查是地热资源勘查的发展方向。多种地球方法联合解译，形成综合解释剖面图、多信息叠合解释平面图、地热异常分区等，可增加地热资源勘查的准确度和精度。

（2）地热钻井

地热钻井是地热能开发的重要步骤，浅层钻井工艺相对成熟，高温钻井则相对实践经验不足。高温钻井是深层高温地热开发关键技术之一，我国在高温地热勘探钻井方面仍存在较多技术瓶颈，如高温井控装置与预警、超高温钻井液、高温固井与成井、高温钻井工具与仪器、高温井眼轨道测量与控制、高温条件下高效破岩、高温录井与产物测量等技术。

（3）防腐阻垢

腐蚀结垢是地热开发中普遍存在的问题，特别是地热水对金属的腐蚀，会大大缩短系统的使用寿命、增加生产成本，影响地热系统正常运行。腐蚀的原因是地热水中普遍存在多种腐蚀成分，在与空气接触后腐蚀性会得到增强，对井管、深井泵及泵管、井口装置、管道、换热器及专用设备等设备都具有腐蚀性。结垢的原因是流经地层的高硬水从储层中渗出进入管道流后，压力和温度下降，原有的气、液、固三相平衡被打破，水中的 $Ca(HCO_3)_2$ 分解，CO_2 从水中溢出，出现 $CaCO_3$ 结垢。因此，需要进一步研发高效的防腐涂料、化学阻垢和地热水处理等防腐防垢技术。

（4）尾水回灌

为了减小对环境的破坏影响，实现可持续开发，地热水回灌是一项基本要求。目前地热水回灌主要有同井分层回灌、对井回灌和多井回灌 3 种模式。不同热储类型的尾水回灌难度不同，基岩裂隙—岩溶型热储回灌条件相对较好，而对于孔隙型热储（如砂岩等颗粒较细，渗透性较差的储层），所需回灌井数量较多，可能存在回灌困难问题，地热开发经济性变差。因此研究不同生产和回灌条件下回灌井工作性状，研发配套的工艺技术，具有重要意义。

地热能开发作为一个系统工程，涉及专业学科、技术设备和开发环节较多，需要在各个环节加强技术研发。未来，地热能资源勘查开发技术的发展目标是：形成不同类型地热勘查地球物理化学方法及钻探的有效组合，突破高温地热勘探与钻井技术瓶颈，建立砂岩热储地热尾水回灌可行性评价体系，实现全回灌，形成高效、经济的防腐阻垢成套技术，提出地热开发风险评估和预防措施。针对各类环境问题，提出中深层地热开发环境影响评估方法和地热开发系统优化措施。

7.2.2　地热能直接利用

经过长时间的发展，应用于浅层地热直接利用的地热供暖、地源热泵、地热干燥及洗浴等技术已经基本成熟，我国地热能直接利用年产能长期位居世界第一位，也主要得益于我国地源热泵技术的推广。地源热泵技术主要用于开采浅层地热能，可以将赋存于地层中的低位热源转化为可以利用的高位热源，既可以供热，又可以制冷。目前整个华北、东北地区，地源热泵工程已非常普及，在长江流域地区也正逐渐成为解决该地区夏热冬冷问题的重要节能途径。近年来，地热能直接利用技术还在向浅层储能和中深层地热能直接利用方向发展。

（1）浅层储能技术

为解决地源热泵地下水回灌难和能效衰减等问题，地下储能技术得到了较多关注，其中犹以含水层储能和岩土储能研究较多。目前，含水层储能系统的理论和核心工艺已经基本成熟，正处于技术推广和应用阶段，如中能建地热有限公司湖北襄阳华侨城可再生能源站含水层储能项目，项目建设 2×2.25MW 的含水层储能水源热泵机组，含水层深度 50m。岩土储能的机理与含水层储能相似，将地下岩土作为冷热的储存介质。岩土储能在国际上以荷兰技术较为先进，在国内也已成功实现了工程应用，如中能建地热有限公司山东菏泽中德职教园可再生能源站岩土储能项目，项目供能面积 26.7 万 m^2。除浅层储能外，中深层高温储热技术也在不断发展。

（2）中深层地热能直接利用技术

中深层地热能直接利用包括中深层水热型地热能直接利用技术和深埋管换热技术。中深层水热型地热能以钻井形式开发，井深一般在 1000m~3000m，水温一般在 40℃~80℃，条件较好的可以达到 80℃~150℃。深埋管换热技术则是在浅层地埋管换热基础上，将钻孔深度加深到 2000m~3000m。深埋管换热系统通过闭式循环提取中深层岩土中的热量，不抽取地下水，因而不存在回灌以及水处理的问题，对地下水无干扰，具有取热不取水、占地小和可利用地温高的独特优点，特别适合在寒冷地区应用，同时能够用来满足常规的季节性储热的需求。在国外，深埋管换热技术一开始是针对废弃石油钻井或深水井提出的，将其改造为深埋同轴套管的闭式取热系统，用于建筑供暖；在国内，目前主要在河北、陕西等地区发展应用较快，“十三五”期间，基于深埋管换热技术的中深层热泵系统在雄安新区、西咸新区取得了一定的示范应用。

地热能资源直接利用是目前我国主要的地热能利用方式，后续应综合考虑现有地热技术的能效及环境影响，加大浅层储能技术的推广应用，并在中深层地热能利用技术方面，进一步降低钻井成本，研发深埋管换热器增强传热技术，突破高温热泵技术并加强回灌，从而实现地热能资源大规模、低成本、高效率的直接开发应用。

7.2.3 地热能发电

（1）水热型地热能发电

蒸汽扩容（闪蒸）发电、干蒸汽直接发电和双工质循环发电是目前主流的地热能发电技术。其中，蒸汽扩容（闪蒸）发电占全球地热发电总装机容量的 61.7%，在印度尼西亚、新西兰等多国均有工程案例；干蒸汽直接发电占比 22.7%，以意大利和美国的电站为代表；双工质循环发电占比 14.2%，且绝大多数采用有机朗肯循环发电技术，在欧美多国有大量应用。

蒸汽扩容（闪蒸）发电技术适用于大多数地热资源（即湿蒸汽地热田），我国广东丰顺、湖南灰汤、山东招远、西藏羊八井等地热电站，以及新西兰 Wairakei 地热电站、美国 Hudson Ranch 地热电站等均采用了该技术。图 7.2-1 是位于我国西藏地区的羊八井地热电站，电站总装机容量 25.18MW。

图 7.2-1 西藏羊八井地热电站外景图

图片来源：西藏羊八井地热电站

干蒸汽直接发电技术主要以意大利和美国的地热电站为代表，我国尚未发现干蒸汽地热田。图 7.2-2 是位于美国盖塞斯地热田的 Sonoma Calpine 3 地热电站外景图，电站装机容量 78MW。

双工质循环发电技术也有较多成功应用案例，包括国内的西藏那曲和羊易、江西温汤、华北油田、河北献县等地热电站，以及美国 Amedee、Heber 地热电站，奥地利 Altheim 地热电站，日本 Otake 地热电站和德国 Neustadt-Glewe 热电联供电站等。图 7.2-3 是位于我国西藏地区的羊易地热电站外景图，电站总装机容量 16MW。

图 7.2-2　美国 Sonoma Calpine 3 地热电站外景图

图片来源：Green Energy Times

图 7.2-3　西藏羊易地热电站外景图

图片来源：西藏羊易地热电站

在地热能发电装备制造方面，蒸汽直接发电和蒸汽扩容发电装备制造以日系汽轮机厂商为代表，如东芝、三菱、日立和富士等，单机容量在 5MW~130MW 之间。在国内，东方、上海和哈尔滨三大汽轮机厂以及青岛捷能汽轮机厂等均具有地热型蒸汽轮机研发和制造能力。东方汽轮机有限公司正在推进 20MW 等级双工质地热发电装备研制，拟在中核西藏谷露地热发电一期工程开展示范应用；青岛捷能汽轮机厂具备单机 6MW 地热型蒸汽轮机产能；江西华电、浙江开山等公司实现单机 1MW 以内地热型螺杆膨胀发电机投产业绩；南京天加、北京华晟等公司通过引进国外厂商技术，具备兆瓦级双工质循环发电设备制造能力。2023 年 4 月 1 日，我国首个兆瓦级双工质有机朗肯循环发电实验台在南京顺利落成，为有机朗肯循环发电机组提供研发、测试环境。

水热型地热能发电是目前国内外主流的地热能发电方式，为进一步提升我国地热发电技术水平，降低地热发电设备购置成本，建议进一步开展单机容量 5MW 及以上规模的高效地热型蒸汽轮机自主化研发，开展单机容量兆瓦级以上规模的有机朗肯循环地热发电系统自主化研发，推动中低温地热发电技术与供暖（或制冷）、洗浴、养殖等综合梯级利用技术的规模化发展。

（2）干热岩型地热能发电

国际上开展干热岩型地热资源相关基础研究和技术开发已有 50 余年的历史，美国拉斯阿莫斯（Los Alamos）国家实验室在 1970 年提出了增强型地热系统（EGS）的概念，1984 年在美国芬登山建成了世界上第一座 10kW 的 EGS 试验电站。随后日本、英国、法国、澳大利亚、德国等相继开展了干热岩型地热开发的预研究和装备研制，并建立了一批 EGS 示范场地。德国、法国从 1998 年开始合作研究 EGS 关键技术，于 2007 年在德国兰道建成 3MW、2009 年在法国苏尔士（Soultz）建成 1.5MW、2009 年在德国布鲁赫萨尔建成 5MW 三座 EGS 电站。其他国家的 EGS 试验场还有：英国的罗斯曼奴斯、澳大利亚的库伯盆地、日本的肘折和雄胜等。在我国，河北省唐山市乐亭县马头营区于 2019 年实施了 4000m 深干热岩地热资源地质调查钻孔，在 3965m 深度钻获温度 150℃干热岩体，该项目于 2021 年 6 月实现了国内首次试验性发电。2014 年 4 月，青海共和盆地地下 2230m 处首次钻获温度达 153℃的干热岩，此后又于 2017 年 5 月在地下 3705m 深处钻获达 236℃的高温岩体，刷新了钻获干热岩温度记录（图 7.2-4）；2022 年 1 月，我国在共和盆地成功实现了国内首次干热岩试验性发电并网，正在开展干热岩试采发电增效技术攻关和技术路径的优化。

截至 2021 年底，全世界建设的 EGS 示范工程累计约 60 余项，目前还在运行的发电工程仅有 5 项，装机总容量约为 12.2MW，其余大多数已处于关闭或暂停状态。所有 EGS 项目中最成功的是法国的 Soultz 项目，项目实现了稳定利用干热岩资源进行地热发电，产生了较多科研成果和工程技术，图 7.2-5 为 Soultz 地热电站外景图，装机容量 1.5MW。

图 7.2-4 共和盆地干热岩压裂与定向钻探现场

图片来源：中国地质调查局

图 7.2-5 法国 Soultz 地热电站外景图

图片来源：中国地质调查局

国内外干热岩开发利用目前主要面临技术、经济和生态方面的问题。一是技术方面，许多项目遇到了井筒套管孔隙和裂缝问题、卡钻问题和钻井坍塌问题等；二是经济性方面，目前干热岩开发利用经济性较差，钻井完整性低、卡钻、设备故障等普遍存在的作业问题会导致 EGS 项目的成本大幅增加；三是生态方面，据中国地质调查局统计，至少有 22 个 EGS 项目诱发了地震事件，尽管大多数是震级小于 3 级的微震事件，但偶尔还是诱发了大规模地震；此外，开发利用不当还会造成地热卤水喷发等事故。

我国干热岩资源潜力巨大，但目前干热岩型地热能发电仍处于基础研究阶段，后续建议加大政策支持力度，扶持干热岩地热能发电关键技术和成套装备攻关，适时开展干热岩勘查开发及综合利用示范，为今后地热能发电的规模化发展提供技术储备。

7.3 资源情况

地热能通常分为三类：浅层地热能、水热型地热能和干热岩型地热能。浅层地热能一般储藏在地下 200m 以浅，通常温度低于 25℃；水热型地热能一般储藏在地下 200m～3000m 深度，通常将 150℃以上的称作高温地热，90℃～150℃的称作中温地热，90℃以下的称作低温地热；干热岩型地热能一般储藏在地下 3000m～10000m，是地壳深处不含水或蒸汽的热岩体，温度在 150℃以上（最高可达 200℃～300℃）。

7.3.1 浅层地热能资源

我国浅层地热能资源丰富且分布广泛，几乎遍布全国各地。全国 336 个主要城市浅层地热能年可开采资源量约 7 亿 t 标准煤，可实现建筑物供暖制冷面积 320 亿 m^2。浅层地热能分布情况主要与浅层地温场恒温带有关，根据埋深情况表现为东北和西北地区高，而东南地区低。根据中国地质调查局发布的《中国地热资源调查报告》，中国浅层地热能开发的有利地区主要位于华东（上海、山东、江苏、浙江、安徽、江西）、华北（北京、天津、河北）、华中（河南、湖北、湖南）及东北（辽宁），各省（市）地级市规划区范围浅层地热能可采量如图 7.3-1 所示。

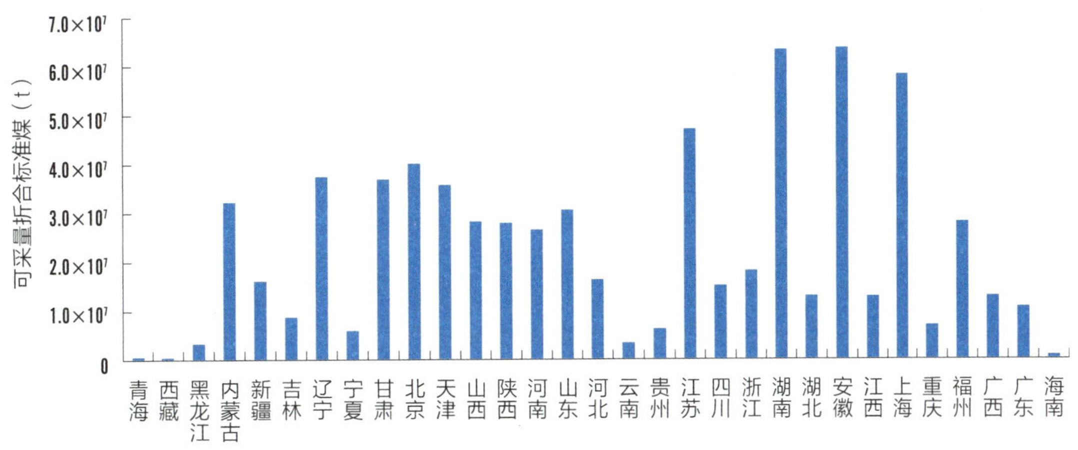

图 7.3-1　各省（市）地级市规划区范围浅层地热能可采量

图片来源：《中国地热资源现状及发展趋势》

7.3.2　水热型地热能资源

我国水热型地热资源分布广泛，资源量丰富，但分布不均匀，以中、低温型地热资源为主，目前已探明资源量达 1.25 万亿 t 标准煤，年可开采量约 19 亿 t 标准煤。其中，中、低温地热资源目前已探明资源量超 1.23 万亿 t 标准煤，年可开采量超 18.5 亿 t 标准煤，估算可发电量超 150 万 kW。受地中海－喜马拉雅高温地热带和环太平洋高温地热带控制，我国高温地热资源主要分布在藏南、滇西、川西和台湾等隆起山地区域，形成了西南和东南两个高温对流型地热系统，已探明资源量达 141 亿 t 标准煤，年可开采量为 0.18 亿 t 标准煤，估算可发电量超 846 万 kW。表 7.3-1 展示了我国主要沉积盆地（平原）的水热型地热资源储量情况，表 7.3-2 展示了我国隆起山地区域的水热型地热资源储量。

表 7.3-1　中国主要沉积盆地（平原）的水热型地热资源

数据来源：《地热发电技术及其关键影响因素综述》

沉积盆地 / 平原	资源储量（$\times 10^8$t 标准煤）	可开采量（$\times 10^8$t 标准煤）	地热流体可开采量（$\times 10^4$t 标准煤 · a^{-1}）
四川盆地	3280.0	493.0	2370.0
华北平原	2470.0	498.0	2030.0
河淮平原	1820.0	314.0	520.0

续表

沉积盆地 / 平原	资源储量（$\times 10^8$t 标准煤）	可开采量（$\times 10^8$t 标准煤）	地热流体可开采量（$\times 10^4$t 标准煤 · a^{-1}）
汾渭盆地	749.0	149.0	1170.0
鄂尔多斯盆地	503.0	72.0	308.0
松辽盆地	422.0	42.2	166.0
银川平原	320.0	79.1	717.0
苏北平原	230.0	51.9	620.0
河套盆地	225.0	56.4	527.0
塔里木盆地	165.0	8.3	5.5
准噶尔盆地	163.0	8.2	23.3
柴达木盆地	104.0	10.4	437.0
江汉盆地	85.1	17.0	127.0
西宁盆地	45.7	4.6	18.5
下辽河盆地	13.5	1.4	7.9
合计	10595.3	1805.5	9047.2

表 7.3-2　中国隆起山地区域的水热型地热资源

数据来源：《地热发电技术及其关键影响因素综述》

水热活动密集带	中低温地热		高温地热储热量（$\times 10^{16}$kJ）
	资源储量（$\times 10^8$t 标准煤）	地热流体可开采量（$\times 10^4$t 标准煤 · a^{-1}）	
藏南—川西—滇西	108.000	123.00	33.70
东南沿海地区	58.500	110.00	3.56
胶辽半岛	0.092	4.34	—
台湾	—	32.10	—
合计	166.592	269.44	37.26

7.3.3 干热岩型地热能资源

干热岩资源勘查开发方面，我国起步较晚，但近年来已在干热岩型地热资源普查方面取得了较大进步，基本查明了我国地热资源赋存条件、分布特征与开发利用现状。我国陆区地下 3km ~ 10km 范围内干热岩资源量约合 856 万亿 t 标准煤，其中可开采量达 17.2 万亿 t 标准煤，主要分为高热流花岗岩型（集中在我国东南沿海地区）、沉积盆地型（分布在关中、咸阳、贵德、共和、东北等盆地）、近代火山型（分布在腾冲、长白山、五大连池等地区）和强烈构造活动带型（分布在青藏高原等地区）。我国首批干热岩勘察靶区包括共和盆地、贵德盆地、雷琼地区、松辽盆地、西藏、冀东地区等。青藏高原干热岩型地热资源潜力最大且温度最高，总资源量占大陆地区的 20.5%，其次为华北地区、东南沿海地区和东北地区，分别占比为 8.6%、8.2%、5.2%。

从资源储量来看，干热岩型地热资源最为丰富，是未来地热能利用的重要发展方向。我国陆区地下埋深在 5500m 以浅的干热岩资源按 2% 的采出量估算，约合 2.1 万亿 t 标准煤，即相当于 2022 年我国能源消耗总量的 388 倍，潜力较大。

尽管干热岩开发利用前景广泛，但也要谨防盲目炒作，国内外干热岩开发利用目前仍面临技术、经济和生态环境等多方面问题，需要进行更加深入的评估和论证，不断努力改进技术，提高技术可行性和经济可行性。

7.4 产业发展现状及前景

7.4.1 地热能直接利用

2023 年世界地热大会统计结果显示，截至 2022 年底，全球供热和制冷地热能装机容量相当于 1.73 亿 kW_{th}，比 2020 年增加了 60%；2022 年全球使用的地热热能为 1476PJ（约 410TWh），比 2020 年增加了 44%。最大的应用领域是建筑供暖和制冷，约占 79%，其次是健康娱乐和旅游、农业和食品加工等。我国地热能直接利用年产能长期位居世界首位，主要在天津、河北、山东、陕西、北京等地的一批大中城市，利用地下水抽灌技术开发 60℃～100℃的中低温地热水，用于供暖。截至 2021 年底，我国地热能供暖制冷能力达到 13.3 亿 m^2，温泉年利用能力 6665MW_{th}，地热农业利用能力达到 1108MW_{th}。

随着地热能利用技术的发展，地热能朝着梯级利用以及多能互补等综合利用方向发展。一是面向终端用户冷、热（电、气）等多种用能需求，因地制宜开发以地热能＋其他供热形式的多能互补供能系统。在北京、天津、河北、陕西等省市，已开展了多个地热能＋燃气锅炉供热模式的综合开发项目。在雄安新区，以燃气等清洁能源为补充的“地热＋”多能互补供暖方案，基本解决了雄安新区的供热制冷需求。二是利用地热能、风能、太阳能、水能、煤炭、天然气等资源组合优势，推动能源清洁生产和就近消纳，减少弃风、弃光、弃水限电，促进可再生能源消纳。目前国内在西藏、青海、甘肃等地，以地热能＋清洁可再生能源的绿色能源基地规划和开发正在有序开展。

《“十四五”可再生能源发展规划》提出，要积极推进地热能规模化开发，积极推进中深层地热能供暖制冷，全面推进浅层地热能开发。2021 年，国家能源局印发了《关于促进地热能开发利用的若干意见》（国能发新能规〔2021〕43 号），提出到 2025 年地热能供暖（制冷）面积比 2020 年增加 50%，到 2035 年，地热能供暖（制冷）面积力争比 2025 年翻一番。

地热能直接利用在我国已呈现出多领域发展的良好态势，国内地热能梯级利用技术蓬勃发展，地热梯级利用耦合其他能源复合利用系统研究方兴未艾，不少方案已经得到实际应用。随着地热能利用技术的发展，地热能作为一种清洁的可再生能源，在多能互补、供需协调的新型能源系统中将发挥越来越重要的作用。

7.4.2 地热能发电

截至 2022 年底，全球地热能发电装机达 16127MW，较 2021 年增加 286MW。排名前五的国家均突破 1000MW，分别为美国（3794MW）、印度尼西亚（2356MW）、菲律宾（1935MW）、土耳其（1682MW）和新西兰（1037MW）。我国地热能发电总装机仅约 55MW。

我国地热能发电开始于 20 世纪 70 年代。1970 年，我国第一座地热能发电厂在广东丰顺建成，装机容量 86kW，使得我国成为世界上第 8 个掌握地热能发电技术的国家。表 7.4-1 展示了我国的地热能发电装机情况。由于我国高温地热资源集中分布于藏滇地热带，高温地热资源发电效率更高，因此目前我国地热能发电主要集中在西南地区，其中又以西藏地区为代表，先后建成了羊八井、朗久、那曲和羊易地热电站，在役地热电站装机容量为 42.18MW。

表 7.4-1　中国的地热电站

数据来源：《地热发电技术及其关键影响因素综述》

地点	名称	投产年份	地热温度 /℃	装机容量 /MW	发电技术	运行状态
广东省梅州市	丰顺地热电站	1970	92	0.086	单级闪蒸	停运
		1978		0.20	ORC	停运
		1984		0.30	单级闪蒸	运行
		2014		0.35	ORC	运行
江西省宜春市	温汤地热电站	1971	60~92	0.05	ORC	拆除
河北省张家口市	怀来地热电站	1971	79	0.20	ORC	拆除
山东省烟台市	招远地热电站	1973	84	0.20	单级闪蒸	拆除
湖南省长沙市	灰汤地热电站	1975	98	0.30	单级闪蒸	拆除
西藏自治区拉萨市	羊八井地热电站	1977	140~160	1.00	单级闪蒸	停运
		1981		3.00	双级闪蒸	运行
		1982		3.00	双级闪蒸	运行
		1985		3.00	双级闪蒸	运行
		1986		3.18	双级闪蒸	运行
		1988		3.00	双级闪蒸	运行
		1989		3.00	双级闪蒸	运行
		1990		3.00	双级闪蒸	运行
		1991		3.00	双级闪蒸	运行
		2008		1.00	全流	运行
		2010		1.00	全流	运行

续表

地点	名称	投产年份	地热温度 /℃	装机容量 /MW	发电技术	运行状态
辽宁省营口市	熊岳地热电站	1977	90	0.10	ORC	拆除
广西壮族自治区来宾市	象州地热电站	1979	73	0.20	单级闪蒸	拆除
台湾省台中市	清水地热电站	1981	79	3.00	单级闪蒸	停运
台湾省宜兰县	土场地热电站	1985	226	0.30	ORC	停运
西藏自治区阿里地区	朗久地热电站	1983—1985	103~105	1.00	单级闪蒸	间歇运行
				1.00	ORC	停运
西藏自治区那曲地区	那曲地热电站	1993	95~114	1.00	ORC	停运
河北省	华北油田地热电站	2011	85	0.40	ORC	停运
西藏自治拉萨市	羊易地热电站	2011	134	0.40	全流	停运
		2012		0.50	全流	停运
		2016		2.00	全流	停运
		2018		16.00	ORC	运行
云南省瑞丽市	瑞丽地热电站	2017	130~150	1.20	全流	运行
河北省沧州市	献县地热电站	2018	95	0.28	ORC	运行
山西省大同市	山西高温地热示范电站	2021	173	0.58	ORC	运行

2013 年，国家能源局下发了《关于促进地热能开发利用的指导意见》，提出对地热能发电项目给予电价补贴。2021 年，国家能源局印发《关于促进地热能开发利用的若干意见》（国能发新能规〔2021〕43 号），提出在资源条件好的地区建设一批地热能发电示范项目，2025 年全国地热能发电装机容量比 2020 年翻一番；到 2035 年，地热能发电装机容量力争比 2025 年再翻一番。

受限于资源禀赋等，目前我国地热能发电主要集中在青藏高原附近，未来一段时间，在青藏高原及其周边地区进行地热能发电示范依然是我国地热能发电的主要发展方向。从载热体分类来看，我国地热能发电主要利用水热型地热资源，且以蒸汽扩容发电和双工质发电为主，开发经济性有限，产业发展较为缓慢。利用干热岩型资源的增强型地热系统成为目前最受关注的地热发电新形式，开发潜力较大，但仍面临诸多技术难题。

7.5 经济性

7.5.1 地热能直接利用

中深层地热能采暖供热项目目前单位供热面积投资一般在 80 元 /m^2~150 元 /m^2 之间，供热成本主要包括人工成本、折旧、税费、能源费、管理费用等，其中折旧与能源费、管理费用占比重较大，税费受当地政府政策影响较大。目前中深层地热能供热收费基本参照常规能源供热收费标准（包括一次性配套入网费和逐年暖费），项目整体经济性受开发条件、技术路线和收费政策影响较大。

部分项目开发条件较好，经济效益较好。例如，山东省德州市庆云县地热供暖项目，共钻凿 4 口地热井（2 采 2 灌），水温 50℃左右，采暖循环水供 / 回水温度 45℃/35℃，供热面积 16.87 万 m^2。项目总投资 1542.37 万元，从项目后评价的数据来看，项目税后收益率 11.51%，投资回收期 9.98 年，经济效益较好。

部分项目开发条件略差，经济效益一般。如某中深层地热能项目，采用“板式换热器直供 + 热泵机组梯级利用”的工艺流程，钻凿地热井 50 口（25 采 25 灌），水温 50℃ ~ 55℃，采暖循环水供 / 回水温度 45℃/35℃，供热 287 万 m^2。项目总投资 28000 万元，2019 ~ 2020 年供暖季（4 个月）收取采暖费 2092.23 万元，补贴 1414.29 万元，支付运营成本 1171.38 万元。按照运营期 20 年评价，项目平均内部收益率仅为 2% ~ 4%，经济效益一般。

中深层地热能供热一次性投资较大，投资回收期长，经济性风险较高。为了进一步提高中深层地热能供热项目的经济效益，应加强投资与经济效益影响因素研究和优化，重点从钻井工程、地面工程方面控制项目投资水平，从供暖面积、采出水温度、单井控制面积等提高项目经济效益。同时，建议因地制宜将地热供冷 / 供暖纳入城镇基础设施建设，在市政工程、建设用地、用水用电价格等方面给予一定政策支持。

7.5.2 地热能发电

地热能发电的成本主要由投资成本、发电成本两部分构成。地热能发电项目的投资与资源特征、现场条件有着非常密切的关系。资源的温度、深度、化学特性和渗透性是影响投资和发电成本的主要因素，温度将决定发电系统的转换技术以及发电的整体效率；现场的位置及交通、地形、当地气候条件、土地利用类型及所有权都是电厂建设和并网所需考虑的成本因素。地热能发电初期投资主要包含钻井和管道建设，实际工厂的设计建设等，地热能发电的发电成本则包括电力生产运行及维护成本和分期偿还的初始投资（折旧摊销费用）等。

以西藏羊易电站和羊八井电站为例。羊易电站是我国近年建设的较大的地热电站，目前已装机 16MW。该电站有 6 口生产井（5 运 1 备），设计井口压力 1.55MPa，设计井口温度 168℃，采用 Ormat 公司有机工质异戊烷朗肯循环 OEC 组块式地热发电技术，配置 2 台冲动式异戊烷透平机 +1 台发电机，有机工质采用直接空冷方案。在该配置下，羊易电站工程静态投资 47825 万元（基准日期为 2016 年 4 月），单位投资 29890 元 /kW；工程动态投资 48692 万元，单位投资 30432 元 /kW，其中建设期贷款利息 867 万元；铺地生产流动资金 62 万元，项目计划总资金 48754 万元。按机组年利用小时数 5500h，以财务内部收益率 8%，项目经营期平均上网电价（含税）930.63 元 /MWh。西藏羊八井电站不计算勘探和打井成本，单位投资成本约为 1.2 万元 /kW，发电成本在 0.7 元 /kWh 左右。目前，羊八井地热发电项目含税上网电价为 0.9 元 /kWh，并且已经纳入全国可再生能源电价附加分摊，经济效益较好。但是，羊易地热发电项目一直未获得电价补贴，电网结算电价仅为 0.25 元 /kWh，项目亏损较为严重。

我国地热能发电发展速度不及预期，经济性问题是制约国内地热能发电的主要因素之一。地热能发电具有较高的前期勘测建设投资和相对较低的发电运行成本，其发展受到资源和政策等影响较大，受限于上网电价等支持政策不明，国内地热能商业发电基本处于停滞状态。建议出台鼓励地热能开发利用的相关配套政策，有序推动地热能发电发展。

参考文献

[1] 王贵玲等 . 中国地热资源现状及发展趋势 [J]. 地学前缘，2020，27（1）：1-9.

[2] 李健等 . 地热发电技术及其关键影响因素综述 [J]. 热力发电，2022，51（3）：1-8.

[3] 马冰等 . 世界地热能开发利用现状与展望 [J]. 中国地质，2021，48（6）：1734-1747.

[4] 黄璜等 . 地热能多级利用技术综述 [J]. 热力发电，2021，50（9）：1-10.

[5] 亢方超等 . 增强地热系统研究现状：挑战与机遇 [J]. 工程科学学报，44（10）：1767-1777.

8 可再生能源发展前景

CHAPTER

引 言

可再生能源技术类型多、工艺差异大，应用潜力和适用场景均有不同，在双碳目标背景下发展前景各异。本章针对风电、光伏、光热、太阳能热利用、抽水蓄能、地热等，对其发展节奏、创新方向进行了分析和阐述；在先立后破的原则下，对于如何协同推进可再生能源对化石能源的可靠替代提出了发展建议。

（一）因势利导，合理确定各类能源发展节奏

鉴于各类可再生能源技术发展阶段、发展潜力、供能成本、出力特性、区域分布等方面的差异，在积极发展的总体思路下，需要结合能源电力系统的需求，对于不同能源品类因势利导，差异化地确定适宜的发展模式、发展节奏。

1）风电和光伏

风电光伏将快速、高质量发展。到 2025 年，我国风电装机将达到 4.8 亿千瓦以上，太阳能发电装机将达到 4.6 亿千瓦以上；到 2030 年，风电、太阳能发电总装机容量达到 12 亿千瓦以上。以沙漠、戈壁、荒漠地区为重点，风电光伏基地建设将加快推进，到 2030 年规划布局 4.55 亿 kW 的风光基地。

基于不同区域风能资源、太阳能资源分布特点，“三北”地区优化推动风电和光伏发电基地化、规模化开发，预计将形成新疆可再生能源基地、黄河上游可再生能源基地、河西走廊可再生能源基地、黄河几字湾可再生能源基地、松辽可再生能源基地、冀北可再生能源基地、黄河中下游绿色能源廊道可再生能源基地等，其中，黄河几字湾可再生能源基地是沙漠、戈壁、荒漠地区的大型风光电基地开发建设的主战场；西南地区统筹推进水风光综合开发，预计将形成滇黔桂水风光综合基地和藏东南水风光综合基地；中东南部地区重点推动风电和光伏就地、就近开发；东部沿海地区积极推进海上风电的集群化开发，海上风电进入从近海向深远海迈进的跨越期，近海开发成本全面临近平价的突破期，规模化、基地化、深远海化开发方式将成为后续开发的主要模式，山东半岛、长三角、闽南、粤东和北部湾等形成千万千瓦级海上风电基地。

2）光热

我国光热发电行业已进入规模化发展的新阶段，槽式、塔式和线性菲涅耳式技术路线成功实现了示范应用，产业链不断壮大，产能大幅提升，国产化率进一步提高，可有力支撑国内光热发电的商业应用推广。

光热发电最大的优势是便于以热能形式提供长时储能，面临着与“新能源 + 储能”的市场化竞争。随着能源绿色低碳转型，国内锂离子电池储能造价屡创新低，液流电池、压缩空气储能、二氧化碳储能、固体重力储能等新技术逐步示范应用，光热发电只有通过规模化发展和市场化竞争，大幅度降低发电成本，才能在未来新型电力系统中占据一席之地。

光热发电将规模化开发利用。光热发电兼具调峰电源和储能的双重功能，出力特性稳定、可调，具有转动惯量，电网特性友好。国家能源局发布《国家能源局综合司关于推动光热发电规模化发展有关事项的通知》，提出力争“十四五”期间，全国光热发电每年新增开工规模达到 300 万千瓦（3GW）左右。

为充分发挥光热发电储能调节价值和系统支撑作用，在青海、甘肃、新疆、内蒙古等光热资源的优质区域，将建设长时储热型光热发电项目，推动光热发电与风电、光伏发电基地一体化建设运行，以充分发挥光热发电储能调节能力和系统支撑作用。

3）太阳能热利用

我国在以真空管集热技术为代表的太阳能热利用领域处于世界领先地位，在技术研发、产品、工艺、装备和制造等方面形成了较为完善的自主知识产权体系，实现了产品、技术、装备多重出口。

大型太阳能热利用区域供热和工业热利用成为发展热点。近几年，太阳能热利用技术拓展加速，从生活热水供应逐渐拓展到建筑供暖、制冷和工农业供热的应用。大型太阳能热利用区域供热工程（集热面积超过 500 平方米）得到推广和应用；工业热利用的终端需求对热力品质要求较高，因此中高温集热器和聚焦式集热器近几年得到发展，主要用于工业蒸汽的供应。然而，太阳能供暖、制冷和工业热利用的成本相对较高，与化石能源的竞争优势不明显，尚未进入快速发展阶段，随着技术发展和成本的降低，未来具有大规模替代化石能源的潜力，代表了太阳能热利用技术的发展方向。

户用市场逐渐萎缩，工程应用占据主流。我国的太阳能热利用市场“十二五”期间在家电下乡、强制安装等政策影响下，户用系统市场一直增长较快。但“十三五”以后，随着政策调整和市场发展，热利用开始转向工程应用市场。市场结构转向以工程市场为主、零售市场为辅的格局，工程应用市场份额超过三分之二。

4）抽水蓄能

“十四五”及以后一段时期，由于电力系统对调节资源的巨大需求，我国将持续加强水电抽水蓄能建设。以西南、华北、华东等地区为重点，优先选取具备条件的既有水电站改造为抽水蓄能站，同时开发一批新建抽水蓄能项目，提高电力系统的调峰调频能力。预计到 2025 年，抽水蓄能投产总规模较“十三五”翻一番，达到 6200 万千瓦以上；到 2030 年，抽水蓄能总投产规模较“十四五”再翻一番，达到 1.2 亿千瓦左右；中长期规划布局抽水蓄能重点实施项目 340 个，总装机容量约 4.21 亿千瓦。

在推进新能源为主体的新型电力系统建设过程中，**抽水蓄能电站需要统筹做好区域、规模和建设时序方面的布局**。华北地区重点布局在河北、山东等省，以兼顾京津冀一体化以及蒙东区域新能源发展和电力系统需要；东北地区重点布局在辽宁、黑龙江、吉林等省，以服务新能源大规模发展需要；华东地区重点布局在浙江、安徽等省，南方地区重点布局在广东和广西，以服务核电和新能源大规模发展及接受区外电力需要；华中地区重点布局在河南、湖南、湖北等省，以服务中部城市群经济建设发展需要；“三北”地区重点围绕新能源基地及负荷中心合理布局，以服务新能源大规模发展和电力外送需要。

5）地热

地热能直接利用在我国已呈现出多领域发展的良好态势，国内地热能梯级利用技术蓬勃发展，地热梯级利用耦合其他能源复合利用系统研究方兴未艾，不少方案已经得到实际应用。随着地热能利用技术的发展，地热能作为一种清洁的可再生能源，在多能互补、供需协调的新型能源系统中将发挥越来越重要的作用。

地热能发电具有较高的前期勘测建设投资和相对较低的发电运行成本，受限于上网电价等支持政策不明，国内地热能商业发电基本处于停滞状态。目前我国地热能发电主要集中在青藏高原附近，未来一段时间，我国地热能发电仍将以青藏高原及其周边地区的项目示范为主。**利用干热岩型资源的增强型地热系统是目前最受关注的地热发电新形式，开发潜力较大，但要谨防盲目炒作，**对于其面临的技术、经济和生态环境等多方面问题，需要进行更加深入的评估和论证，不断努力改进技术，提高技术可行性和经济可行性。

（二）抓大放小，科学谋划技术创新重点方向

创新是各类可再生能源技术实现高质量发展的必然要求。针对当前所处应用阶段和主要需求，各项技术在创新重点方向上各有侧重。

1）风电

随着陆上、海上大规模风电基地的开发及风电产业技术创新能力的持续提升，**大型化、高可靠性风电技术和深远海风电技术将持续创新发展和推广应用**，大型风电机组关键技术、深远海域海上风电关键技术、风电数字化

设计与运维技术、废弃风电设备无害化处理与循环再利用技术、老旧机组升级改造技术、新材料技术等影响未来风电产业发展的关键技术，将被重点研究。

加快推进构网型风电技术发展。在新能源发展历程中，新能源高渗透率的局部地区曾出现大规模新能源脱网事故以及现象迥异的电力系统稳定性问题。随着新能源发电装机的进一步快速发展，风电等新能源发电大量替代同步电源，新能源角色逐渐从辅助性电源向主力电源转变，要求新能源的控制和运行要发生根本性转变，从对电网安全的“被动跟随”转变为“主动支撑”，成为维持电网频率、电压的重要载体之一。

2）光伏

作为全球最大的光伏发电应用市场，我国已成为各类新型光伏电池技术产业化转化与应用的孵化地。未来我国将继续聚焦国际光伏发电技术发展重点方向，引领全球光伏发电产业化技术持续创新发展：电池效率占优的N型晶体硅电池将逐步成为主流光伏电池技术，不断扩大市场占有率；半片技术、叠瓦技术、多主栅等组件技术将进一步广泛应用，新型封装技术与封装材料将进一步提升组件可靠性；逆变器将向大功率、高电压接入、智能化方向发展，不断深化与储能技术的融合，不断推动光伏发电系统向智能化、多元化发展。

3）光热

为推动光热发电产业化、规模化发展，需进一步提高光热发电的科技创新能力，包括研究开发具有自主知识产权的高效太阳能聚光集热系统、探索提升光热发电效率和降低成本的关键技术，打通创新链、产业链、供应链等关键环节等。

光热发电技术商业化应用已经较为成熟，**“大规模—高参数—大容量储热—低成本”仍然是光热发电未来的主要发展趋势。**随着新型电力系统建设推进，依托光热发电熔盐储热系统和汽轮发电系统的特点，光热发电可通过配置大容量储热系统、熔盐电加热器和兼具调相机功能等方式，使光热发电在系统中承担储能、支撑电源和系统稳定器等多重角色，在新型电力系统中发挥重要作用。

4）太阳能热利用

针对区域采暖和工业供热需求，太阳能热利用**产业制造水平尚需提高，产品质量监控有待完善。**在制造装备、产品质量、管理水平等方面与发达国家尚有差距，生产制造的自动化、智能化水平还有待进一步提高，生产过程中的产品质量监控也需要进一步加强。**系统集成技术水平有待提高，技术创新亟须加强。**我国太阳能热利用工程的系统设计、系统集成、系统运维等技术水平还需要提升。太阳能与多种能源融合应用在太阳能供暖、制冷及工农业领域，是未来太阳能热利用产业发展的重要方向。

5）抽水蓄能

目前的**抽水蓄能主要技术发展态势**为：以大型常规定速机组抽水蓄能电站为主体，以中小型抽水蓄能电站、变速机组抽水蓄能电站、混合式抽水蓄能电站、废弃矿山地下抽水蓄能电站、海水抽水蓄能电站为补充的多样化发展。为推进抽水蓄能高质量发展，需发挥创新引领作用，**重点围绕大型地下洞室群智能化机械化施工、复杂地形地质条件下筑坝成库与渗流控制等开展重大技术攻关；坚持自主创新，增强超高水头大容量蓄能机组、大容量变速机组设计制造能力。**

6）地热

地热能开发作为一个系统工程，涉及的专业学科、技术设备和开发环节较多，需要在各个环节加强技术研发。中深层地热能资源直接利用技术方面，需进一步降低钻井成本，提高深埋管换热器增强传热技术，突破高温热泵技术，实现地热能资源大规模、低成本、高效率的直接开发应用。水热型地热能发电方面，应进一步开展单机容量 5MW 及以上规模的高效地热型蒸汽轮机自主化研发，开展单机容量 MW 级以上规模的有机朗肯循环地热发电系统自主化研发。干热岩型地热能发电仍处于基础研究阶段，后续需加强关键技术和成套装备攻关，适时开展干热岩勘查开发及综合利用示范。

（三）分进合击，协同实现低碳能源稳定供应

总体上看，各类可再生能源在时间和空间分布上通常具有一定的不均衡性，甚至体现为显著的随机性、间歇性和波动性，与用能需求难以匹配。为了实现低碳能源的稳定供应，各类可再生能源除了各自在体量上需要达到一定的规模外，还需要结合能源输出特性，在不同层级的地域范围内优化布局、协同互补。

一是强化顶层设计，持续推动可再生能源多元耦合。

“十四五”时期是我国推动能源绿色低碳转型、落实应对气候变化国家自主贡献目标的攻坚期，我国可再生能源将进入全新的发展阶段。除了继续坚持“集中式与分布式并举、陆上与海上并举、就地消纳与外送消纳并举”

等发展策略外，可再生能源高质量发展还需要更加重视不同可再生能源品种的多元耦合，以“单品种开发与多品种互补并举、单一场景与综合场景并举”为发展方针，实现不同可再生能源发电在出力特性、时间和空间分布上的互补，推动可再生能源大规模、高比例、高质量、市场化发展。

二是坚持保供优先，深入推进可再生能源与化石能源耦合。

以“风光水火一体化”为代表，可再生能源与化石能源耦合模式能够在保证可再生能源供能占比的基础上，显著提升供能可靠性，有利于大幅改善电源侧和电网侧基础建设的经济性，增加企业投资积极性。在风光水火或风光火一体化电源基地开发中，结合当地资源条件和能源特点，因地制宜构建风能、太阳能、水能、煤炭等多能源品种互补发电系统，通过耦合不同电源出力特点，利用其互补特性和灵活调节资源容量，能够实现可再生能源和化石能源共同响应负荷侧需求，先立后破地推进可再生能源在能源消费结构中的占比不断提升。

三是立足有效消纳，积极推动和探索“可再生能源＋储能”、“可再生能源＋氢能”发展模式。

随着我国可再生能源装机容量和发电量不断提升，“可再生能源＋储能”模式将在电力系统的调节和保障方面发挥越来越重要的作用。在电源侧平抑可再生能源出力波动，在电网侧支撑电网削峰填谷，保障全时域的功率平衡和动态稳定，在用户侧实现更大比例的可再生能源电力消费。可再生能源电制氢是未来氢能发展的主要方向，在新型电力系统“源、网、荷”各环节中得以应用，实现电氢耦合发展。在电源侧，利用可再生能源绿色制氢技术，将风能、太阳能等可再生能源电力转换为氢能，提高可再生能源利用率；在电网侧，基于氢能跨季节、长时间的储能特性，提高电力系统安全性、可靠性、灵活性，实现能源跨地域和跨季节的能源优化配置；在用户侧，扩展氢能在终端用能领域的应用范围和综合能源业务发展，提升终端能源效率和低碳化水平。

四是坚持电热并重，充分发挥太阳能、地热等能源形式在供热领域的独特优势。

相比于电力领域，供热领域的低碳化尚未引起足够的重视，在工业供热和采暖供热等领域利用可再生能源实现对化石能源的替代面临可靠性和经济性方面的双重挑战。相比于可再生能源电力制热，太阳能热利用和地热能在供热方面具有效率和经济性方面的固有优势，且资源总量和开发潜力巨大，完全能够满足供热用能需求。仅以干热岩型地热资源为例，我国陆区地下埋深在 5500m 以浅的干热岩资源按 2% 的采出量估算，即可达到约 2.1 万亿 t 标准煤，相当于 2022 年我国能源消耗总量的 388 倍。总体上，太阳能地域分布相对均匀，但供热保障性受昼夜差异和连续极端天气的影响；地热能通常出力稳定，但地域分布极不均衡。未来，太阳能、地热能与储热、可再生能源电制热、化石能源等耦合将是未来实现低碳化供热的主要发展模式。

附　录

风电建设先进技术指标体系

为引导行业技术进步和产业升级，支持陆上和海上风电基地高质量建设，中国可再生能源学会（风能专委会）与电力规划设计总院共同研究发布《风电建设先进技术指标》。

先进性指标包括质量规范指标、创新发展指标和核心技术指标。目前，该指标已上报国家相关主管部门，供有关部门、行业企业及大型基地建设参考。各项指标将根据产业发展情况定期调整。

一、质量规范指标（WQ-2022.1）

风电机组产品应满足风电设备制造行业标准，并符合 IEC 等国际及 GB 等国家标准关于机组型式与应用的要求。

表 1　质量规范指标表

序号	项目	风电基地	海上风电
1	时间可利用率保证值（%）	≥97	
2	平均无故障运行时间（h）	≥700	

二、核心技术指标（WT-2022.1）

表 2　核心技术指标表

序号	项目	风电基地	海上风电
1	单机容量（MW）	≥5	≥8
2	功率曲线保证值（%）	≥96	
3	风电场运营期能耗（场用电及设备损耗）占比（%）	≤3	
4	机组功率曲线 6m/s~8m/s 风速风能利用系数 Cp 最低值	≥0.4	

三、涉网技术指标（WG-2022.1）

风电场（大型风电基地）应满足风电并网相关技术要求，鼓励风电场通过多能互补、源网荷储、虚拟电厂等新技术，提高风电并网友好性，为新型电力系统提供一定的支撑能力。

表 3　涉网技术指标表

序号	指标名称	指标要求	备注
1	谐波	GB/T 14549、GB/T 24337	满足《风电场接入电力系统技术规定》(GB/T 19963—2021) 要求
2	闪变	GB/T 12326	
3	电压波动	GB/T 15543	
4	有功功率和电压控制	GB/T 31464、GB 38755、DL/T 1870	
5	惯量响应和一次调频	功率控制量化指标、上升时间和允许偏差	
6	故障穿越	低电压穿越、高电压穿越、连续穿越	

四、创新发展指标（WI-2022.1）

※ 鼓励采用自主知识产权的关键部件（参考表 4 指标），以及技术成熟度高、部件模块化、通用性高的风电机组，建立自主可控的产业链，保障供应链的安全可靠。

※ 鼓励应用新材料、新工艺、新技术、智能化的风电机组与风电场工程，鼓励风电机组与风电场因地制宜开展构建新型电力系统能力的建设和研究。

※ 鼓励采用绿色低碳供应链生产的风电机组，鼓励风电与生态协调融合发展，协助改善当地生态环境。

表 4　创新发展指标表

序号	项目	指标要求	备注
1	机组关键部件国产化率	95%	价格占比
2	主轴承	自主可控、可靠供应	
3	变桨轴承	自主可控、可靠供应	
4	主控系统	软件系统自主可控，PLC 鼓励可靠供应	
5	功率半导体	鼓励可靠供应	

光伏发电建设先进技术指标体系

为引导采用先进技术，支持大型光伏基地高质量建设，中国光伏行业协会会同电力规划总院组织业内企业，调研发布光伏建设先进性指标。指标分为光伏电站核心指标与自主创新指标，其中光伏组件转换效率等核心指标定期调整。

一、质量规范指标

光伏产品供应商应满足《光伏制造行业规范条件》要求。

二、自主创新指标（VCX.2022-S2）

※ 鼓励以自有知识产权和发明专利为载体的半导体核心装置和软硬件创新应用，保障全球相关产业链供应链安全。

※ 鼓励采用基于智能光伏的先进光伏产品，因地制宜开展智能光伏电站建设。

三、光伏电站核心指标（VDZ.2022-S2）

表 1　光伏电站核心指标表 VDZ.2022-S2

制表：中国光伏行业协会、电力规划设计总院

类别	项目	指标	其他
光伏组件	转换效率（%）	>22	1. 鼓励采用低碳或绿色设计产品； 2. 鼓励采用现行的国标、行标、团标设计组件尺寸与安装孔。
	首年衰减（%）	≤1.5	
	首年后衰减（%）	≤0.45	
	功率质保期（年）	>25	
逆变器	中国效率（%）	≥98.5	
光伏系统	系统效率（%）	≥82	按《光伏发电系统效能规范》（NB/T 10394—2020）